AF452661

GUIDE PRATIQUE

POUR ÉLEVER

LES CAILLES ET LES PERDRIX

Evreux, A. Hérissey, imp. — 1260.

GUIDE PRATIQUE

POUR ÉLEVER

LES CAILLES, LES PERDRIX

COLINS OU CAILLES D'AMÉRIQUE

ET POUR LEUR FAIRE PRODUIRE

AUX CAILLES, DE 45 A 50 PETITS, ET AUX PERDRIX, DE 55 A 60

PAR L'ABBÉ ALLARY

SUIVI D'UN CHAPITRE

SUR

L'INCUBATION ARTIFICIELLE

PAR A. LEROY

<hr>

PARIS

LIBRAIRIE CENTRALE D'AGRICULTURE ET DE JARDINAGE

82, RUE DES ÉCOLES, 82

(Au coin du boulevard Sébastopol, rive gauche)

— Auguste **GOIN**, Éditeur —

1860

INTRODUCTION

Tous les amateurs, et surtout les chasseurs, auront sans doute remarqué comme nous combien les perdrix et surtout les cailles sont devenues rares et chères.

Cette vérité sera encore plus frappante, si on veut se rappeler ce qu'étaient ces oiseaux, ou bien s'en informer, il y a trente-cinq à quarante ans.

Mais ce qu'il y a de plus désolant, c'est que la rareté de ce gibier va en augmentant tous les ans ; cette année, 1855, il est hors de prix ; il faut payer une perdrix trois francs, et la caille, on n'en trouve pas, ou elle n'a pas de prix.

C'est donc aller au-devant des besoins de la société, c'est rendre un véritable service aux nombreux amateurs de ce gi-

bier, un des plus délicieux que nous con-
naissions, que d'indiquer les moyens de
doubler, de tripler même sa production.

Mais c'est surtout pour ceux qui n'aiment pas la chasse, ou ne peuvent se donner ce plaisir, que nous aimons à tracer
cette méthode ; c'est pour le bon curé de
campagne, pour le petit rentier, le petit
employé.

Nous voulons leur découvrir le moyen
d'élever des cailles et des perdrix aussi facilement que la fermière élève des poulets,
même beaucoup plus facilement.

Et ils auront cet avantage sur les chasseurs que, lorsque la caille aura disparu
et que les perdrix seront devenues rares,
lors même que la vente de ce gibier sera
prohibée, leur volière leur fournira en tout
temps des cailles et des perdrix à volonté.

Tout ce que j'avancerai, je l'ai expéri-
menté par moi-même pendant quinze à
seize ans ; et dans tout cela, il n'y a rien
d'extraordinaire, tout est simple, facile et
à la portée de tout le monde ; seulement,
il faut, cela va sans dire, certaines précau-

tions, et surtout quelques soins réguliers et soutenus pendant un certain temps.

Ici, je crains que les mots *soins soutenus* ne soient pas bien compris et n'effraient beaucoup de monde, tandis qu'en réalité ce que je demande est bien peu de chose ; je ne réclame qu'une vingtaine de minutes par jour ; mais il faudrait accorder ces quelques minutes régulièrement tous les jours et avec un certain degré d'intelligence ou d'expérience (1), et voilà ce que j'entends par soins soutenus ; voilà aussi, remarquez-le bien, en quoi consiste le secret et le moyen de réussir.

Voici en toute simplicité ces moyens.

Tout ce que je vais dire pourrait également convenir aux cailles d'Europe et d'Amérique, aux perdrix rouges et grises ; cependant, pour simplifier le récit, je ne parlerai que de la caille ; mais aussi, toutes les fois qu'il y aura quelque chose de particulier pour les autres espèces, je ne man-

______

(1) L'expérience nécessaire sera bientôt acquise par une lecture réfléchie de ce petit ouvrage, et par un peu d'observation et de pratique.

querai pas de le signaler et de le bien expliquer.

Pour bien atteindre notre but, c'est-à-dire pour doubler et tripler la production des oiseaux dont nous parlons, il y a des moyens pour les *faire pondre*, pour *mettre couver*, pour *faire couver* et pour *élever* les petits ; de là la division la plus naturelle et la plus simple de notre matière.

GUIDE PRATIQUE

LES CAILLES ET LES PERDRIX

PREMIÈRE PARTIE

Moyen de faire pondre le double et le triple

Pour cela, il faut : 1° un local convenable ; 2° des sujets bien choisis ; 3° une nourriture appropriée ; 4° et savoir à temps et à propos enlever les premières pontes.

CHAPITRE PREMIER

LOCAL CONVENABLE

I. Choisissez dans une cour tranquille, ou dans un jardin, une belle exposition au levant, abritée du nord : c'est la meilleure *(fig.* 1) ; construisez là une volière de quatre, cinq ou six compartiments, selon ce que vous voulez avoir de couples producteurs ; donnez à chaque compartiment 1 mètre et demi de long, de large, et 1 mètre 80 centimètres de haut ; plus

1.

grands, vos parquets n'en seraient que plus favorables ; que la moitié du côté du mur soit couverte

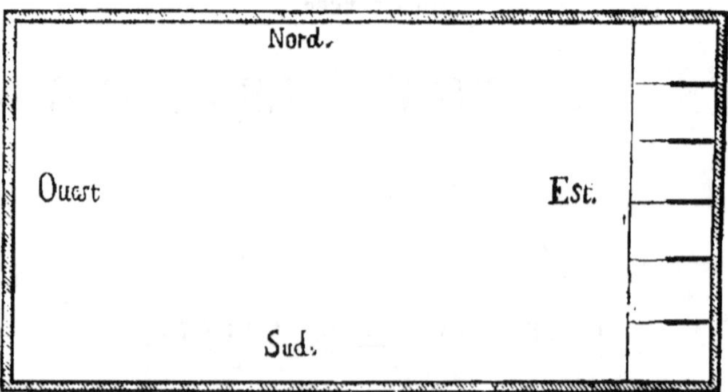

Fig. 1. — Volière vue à vol d'oiseau.

en planches et zinc, ou de toute autre manière propre à mettre à l'abri du mauvais temps ; que l'autre
moitié sur le devant soit toute en grillage, côtés et
toiture, et en grillage de fil de fer ou fil de zinc,
autant que possible, afin de donner plus d'air, plus de
jour et de lumière ; afin de mieux laisser pénétrer la
fraîcheur, la rosée des nuits (condition presque indispensable aux oiseaux que l'on veut faire produire), et de déguiser davantage les barreaux de la
prison et les ennuis de la captivité.

Tout ceci pourrait peut-être paraître des minuties
à bien des personnes qui n'ont aucune connaissance
ou habitude des oiseaux, et leur faire négliger ces
détails et ces précautions toujours fort utiles et souvent même indispensables ; aussi, je vais leur citer
un fait qui leur prouvera combien j'ai raison, et me
fournira l'occasion de donner quelques bons conseils.

En 1853, un ami m'écrivit : « Mon cher, j'ai suivi vos bons avis, et cependant je ne réussis pas, mes per-

Fig. 2. — Volière vue sur un côté.

drix ne pondent pas... » Quelques jours après je vais le voir; et, en entrant dans son jardin, et jetant un coup d'œil sur sa volière, je ne puis m'empêcher de lever les épaules et de lui dire : « Vous n'avez pas du tout suivi mes conseils :

« 1º Votre volière est dans une exposition des plus mauvaises; elle est au midi et au couchant. Eh bien! écoutez, vous allez comprendre qu'elle est très-mal placée : tous les oiseaux, et les vôtres comme les autres, désirent, recherchent et aiment les premiers rayons du soleil; cette douce chaleur les égaie, dissipe l'humidité et la fraîcheur des nuits. Les vôtres, placés comme ils sont, ne jouissent de ce bienfait qu'à midi, c'est-à-dire lorsque l'atmosphère est déjà très-chaude par elle-même; vos oiseaux reçoivent les rayons brûlants du soleil et y restent exposés jusqu'à son coucher. Pendant tout ce temps, leur volière est une vraie fournaise ardente, et, lorsque le soleil a disparu, ils passent presque subitement du milieu de cette chaleur au milieu de la fraîcheur des nuits quelquefois très-froides; tandis que ceux qui sont placés au levant reçoivent, dès l'aurore, les premiers rayons du soleil, et à midi, lorsque les chaleurs sont devenues trop fortes, l'ombre commence pour eux et va en augmentant graduellement jusqu'au soir, comme pour les préparer insensiblement au changement de la température. Vous comprenez maintenant ce premier défaut de votre volière; mais le plus grand, c'est qu'elle est trop basse, elle n'a guère plus de 1 mètre; ensuite vos treillages en bois, vos montants, tout est trop massif, et votre volière ressemble trop à une prison; elle est sombre, triste, et vos oiseaux s'y ennuient. — Bah! bah! les cailles pondent bien! — Oh! les cailles sont beaucoup moins difficiles que les perdrix; et encore, elles ne me paraissent pas trop gaies, et je doute qu'elles arrivent au chiffre que je vous ai promis. » En effet, elles ne pondirent que vingt-huit œufs. En 1854, mon élève suivit en tout mes conseils, et ses perdrix lui pondirent soixante-deux œufs et ses cailles cinquante et un, presque tous bons. Vous voyez donc, par cet exemple auquel j'en pourrais ajouter un grand nombre d'autres, que tous ces petits détails ne sont pas des minuties, comme on serait tenté de le croire au premier abord.

II. Béchez la terre qui forme l'aire de votre volière; plantez en buis nain dans la partie découverte, car dans l'autre tout arbuste dépérit promptement, des petits bosquets qui communiquent entre eux par des petits sentiers comme une double bordure de jardin; faites ces bordures, partie en buis, partie en lavande ou thym; garnissez les coins de la partie couverte d'un demi-cercle de buis ou de lavande; car ce sont les endroits que les perdrix choisissent de préférence, comme les plus éloignés des regards et les mieux à l'abri.

Recouvrez votre terre, surtout si elle est un peu grasse, d'une bonne couche de sable; ménagez-vous des petits carrés de gazon ou de verdure, dans la partie découverte; plantez là aussi quelques arbustes toujours verts, à tige un peu haute, comme l'alaterne, le laurier du Portugal, des Indes, le laurier-thym, etc., pour embellir le plus possible vos volières et leur ôter l'aspect d'une prison. (*Fig. 3.*)

III. Comme les perdrix rouges sont beaucoup plus difficiles que les perdrix grises, choisissez pour elles le compartiment le plus grand, le mieux aéré et le plus éloigné des regards; ce sera ordinairement le dernier au bout de votre volière : laissez dans ce

parquet le buis, la lavande un peu plus longs, donnez un peu plus d'étendue aux bosquets, aux allées ;

Fig. 3. — Volière vue de face.

associez à tout cela un peu de bruyère, afin de leur
offrir plus de fourré et de mieux imiter la nature.

Surtout, tâchez de leur faire, avec de la meulière
ou d'autres pierres, un rocher dans lequel vous mé-
nagez à sa base des petites grottes, des renfonce-
ments propres à les mettre à l'abri et à les faire nicher ; et, pour que ces endroits soient encore mieux
de leur goût, plantez au-devant quelques petits arbustes, ou un peu de bruyère, de lavande, en lais-

sant toutefois un peu de jour et une issue facile pour entrer et sortir.

Que la pente de votre rocher ne soit pas trop rapide, mais qu'elle présente en tournant une montée aisée, et conduise de distance en distance à un ou deux petits plateaux de 12 à 15 centimètres de largeur, un peu recouverts par les saillies de la pierre et formant recoin, toujours du côté opposé aux regards. Là vous mettez un peu de terre, y semez quelques graines qui poussent vite, et vous êtes sûr de leur procurer ainsi un asile des plus agréables, où elles aimeront à aller se reposer et même à nicher. Ceci se comprend facilement, quand on a quelque connaissance des mœurs de ces oiseaux ; les perdrix rouges aiment les coteaux, c'est là que vous les trouverez toujours, et un rocher disposé comme nous venons de l'indiquer leur fait une certaine illusion; elles se croient en quelque sorte encore sur leurs coteaux.

IV. Les cailles d'Amérique ne sont pas plus difficiles que les cailles d'Europe, le même local les satisfait.

V. Nous avons demandé une volière un peu grande et surtout un peu haute; et nous avons vu que cette hauteur était très-utile, et souvent même nécessaire; il serait pourtant dommage de conserver un aussi grand espace à deux oiseaux surtout qui restent toujours à terre, le haut semble alors inutile et perdu en vain : voici un moyen de l'utiliser, de vous procurer un certain bénéfice et beaucoup d'agrément. Ce serait de placer dans chaque compartiment (comme je l'ai toujours fait), avec les cailles ou les perdrix, deux ou trois couples d'oiseaux qui sympathisent bien entre eux et produisent en volière. **Je vais vous indiquer ceux qui réussissent le mieux et que l'on peut trouver à Paris, chez les principaux oiseliers. Mais, pour bien vous guider dans tout cela, il faudrait, sur le choix de ces oiseaux, sur la manière de les soigner, de placer leurs juchoirs, leurs mangeoires, les nids propres à chacun, etc., tout un monde de détails qui seraient ici trop longs et hors du sujet principal. Voici les oiseaux que je vous conseille ; je vous en nomme assez, afin que vous puissiez choisir, et prendre ceux que vous pourrez trouver plus facilement. Vous pourriez mettre ensemble une paire de gros, une paire de moyens et une paire de petits, selon que cela vous sera facile.**

Gros, la paire.

Tourterelle du Cap.	25 à 50 fr.	
— à nuque perlée	30	39
— d'Afrique	20	25
— des bois	10	»
— blanche	6	8
Cardinal gris huppé	35	40
— gris non huppé	35	40
— rouge	35	40
— jaune	40	45
Mauvis, petite grive	8	12
Perruche ondulée	140	150
— inséparable	30	40

Moyens, la paire.

Serins hollandais	25	30
Serins Toudi de l'Inde	20 à 25 fr.	
— Ministres	15	20
— Cou-Coupé	12	»
— Pada	12	15

Petits, la paire.

Cordon-Bleu	12	15
Bengali moucheté	12	13
Astrilds du Sénégal	12	20
— Sainte-Hélène	12	20
— Sénégali jaune orange	12	20
— — ventre orange	12	20
— — bec d'argent	10	»
— Capucins	10	»
— Hirondelle-Java	10	»
— Dominos	10	»

Je vous donne les noms sous lesquels ces oiseaux sont généralement connus chez les oiseliers, j'y ajoute le prix ordinaire; mais ces prix changent souvent ; il y a des années où telle espèce est fort rare, n'arrive pas, et alors le prix monte selon la rareté.

Ces prix sont un peu élevés, sans doute, mais aussi vous revendez votre produit en proportion de ce que vous avez acheté les pères et mères.

CHAPITRE II

CHOIX DES SUJETS

I. S'il est important d'avoir un local bien préparé, il l'est encore plus de savoir bien choisir les sujets qu'on veut y placer pour faire produire.

Voici leurs qualités essentielles : *jeunes, bien portants*, élevés en case ou en volière.

La première année, il est un peu difficile, cela se conçoit tout d'abord, de se procurer des sujets qui réunissent ces trois conditions; car il faut les acheter, et je sais par expérience toutes les déceptions qu'on éprouve même en prenant les plus grandes précautions; cependant il y a un moyen de réussir, c'est de s'adresser directement à des amis, à des amateurs qui font des élèves, et de vous arranger avec eux pour avoir vos sujets.

La seconde année, lorsque vous avez fait vous-même des élèves, cela vous devient très-facile; encore faut-il savoir s'y prendre : pour cela gardez, jusqu'au mois de mars ou d'avril, deux paires au moins de chaque espèce, afin que si, pendant cet intervalle, il vous arrive quelque accident, que l'un soit un peu maladif, un autre pas bien ardent, vous puissiez au moins sur votre réserve choisir une bonne paire; puis vous mangez, donnez ou vendez les autres, et quelquefois vous obligez beaucoup ainsi un ami ou un amateur.

II. Jusqu'à cinq, six ans, vos sujets sont bons pour travailler; quelquefois ils baissent bien avant cet âge; on s'en aperçoit facilement à la ponte; on peut même avec un peu d'expérience au retour du printemps le prévoir avant la ponte : on le devine à leur air, à leur pose, à leur allure : on voit s'ils sont gais, alertes, ardents. Lorsqu'on a quelque doute, on les prend, on voit s'ils sont bien en chair, bien nourris, bien frais ; au bout de quelques années d'expérience, un coup d'œil vous suffira pour le découvrir.

III. Les sujets pris au filet souvent ne réussissent pas bien ; ils sont toujours un peu farouches, à moins qu'une longue captivité n'ait adouci leurs mœurs, mais souvent cela arrive au détriment de leur santé ou de leur ardeur.

Les sujets élevés en case ou en volière sont toujours préférables; cependant j'ai très-bien réussi, et à plusieurs reprises, avec une femelle élevée en volière et un mâle pris au filet; mais seulement pour les cailles ou les perdrix grises, car pour les perdrix rouges je n'ai jamais pu réussir qu'avec des sujets élevés en domesticité, et ce sont les oiseaux, avec les *roitelets* ou *troglodytes*, sur lesquels j'ai fait peut-être le plus d'expériences.

CHAPITRE III

SOINS A DONNER

I. Si vous désirez, comme je n'en doute pas, avoir des oiseaux bien portants, bien productifs, il faut bien vous convaincre que c'est principalement par les petits soins réguliers et assidus de tous les jours que vous y parviendrez : renouveler exactement leur nourriture, leur eau, la verdure, les tenir bien propres, voilà leur santé et tout le secret de réussir, et tout cela n'est ni difficile ni long à faire, seulement il faut donner ce peu de temps régulièrement, et à la même heure autant que possible, et, lorsque vous ne pourrez pas par vous-même, avoir grand soin de vous faire bien remplacer.

II. Pendant l'année la nourriture de vos oiseaux doit être bonne, saine, abondante, mais peu échauffante : un mélange de blé, de sarrasin, de millet, d'orge et de seigle en petite quantité, et quelques graines de chènevis, voilà la nourriture ordinaire et convenable.

Cette variété de graines leur plaît, excite leur appétit, les amuse et les console un peu de leur captivité; de plus elle les rend gais et bien portants.

Que vos oiseaux ne fassent jamais beaucoup de restes; quand vous remarquerez qu'ils en font un peu trop, diminuez leur ration, et chaque deux jours, videz et nettoyez à fond leur mangeoire ; donnez les restes à vos poules.

Tenez-vous en garde contre le chènevis ; ils en sont tous très-friands ; mais il les échauffe trop, les dégoûte de toute autre nourriture, et finit par les rendre maigres, étiques et improductifs. En petite quantité, il active et pousse à la production, c'est ce qu'on fait au printemps ; en trop grande quantité, il nuit à la santé et à la fécondité ; vous aurez souvent alors des pontes plus précoces, plus hâtives, mais moins abondantes et presque toujours des œufs clairs ; tandis qu'en mélangeant convenablement leur nourriture, vous avez toujours des oiseaux bien portants et bien féconds, et c'est ce que nous voulons avant tout.

III. Renouvelez aussi souvent leur eau; ne vous contentez pas seulement de jeter celle qui reste et d'en mettre de nouvelle ; mais, tous les deux jours, lavez bien avec un petit balai leur plat ou leur bassin, et remplissez-le d'eau propre et fraîche.

IV. N'épargnez pas la verdure ; vous voyez qu'en liberté ils en ont tous les jours et à volonté ; imitez donc en cela la nature, et, quand vous en manquerez, donnez, pour en tenir lieu, du chou vert ou blanc,

de la chicorée, des navets, des carottes, des bette-
raves, etc.

Ayez soin de mettre votre verdure dans des râteliers faits pour cela; autrement, dans un instant, ils
vous l'auront trépignée et gâchée; ils auront même
sali de ses débris toute leur volière; puis, le reste du
temps et souvent au milieu des plus grandes chaleurs, ils seront obligés de s'en passer; tandis que,
placée dans des râteliers, ils ne pourront en prendre
qu'au fur et à mesure qu'ils en mangeront, et ainsi
ils en auront dans tout le courant de la journée.

V. Aussitôt que le moment pour l'émigration des
cailles, en automne, est venu, il faut, avec une toile
bien tendue, faire un second toit, à 15 à 20 centimètres au-dessous du premier, pour les empêcher de
se tuer ou de s'abîmer la tête; car, pendant tout le
temps que dure cet instinct ou cette passion d'émigrer, elles s'élancent en l'air avec une force à se
fendre la tête.

J'en ai eu qui avaient la tête en marmelade et con-
tinuaient encore leurs élans tant qu'il leur restait des
forces.

L'époque de ce départ n'a rien de fixe; elle dépend
du pays qu'elles habitent, du plus ou moins de ri-
gueur de la température, et surtout de la direction
du vent; c'est celui du nord qu'il leur faut pour
voyager vers le midi.

Le temps de l'émigration dure à peu près quinze
jours; aux environs de Paris, il commence souvent

dès les premiers jours de septembre, et c'est à l'entrée de la nuit que cette espèce de fureur les prend.

Le moyen que nous avons indiqué est bon ; mais il donne une certaine peine et ne réussit pas toujours complétement ; car il y en a qui, au lieu de s'envoler perpendiculairement, s'élancent par côté, et alors elles donnent contre le grillage, les montants, et se font beaucoup de mal. Voici un second moyen plus simple et plus efficace : ayez une cage ou deux plus ou moins grandes, selon le nombre de vos cailles ; ne donnez à ces cages que 25 à 30 centimètres de hauteur, et qu'elles soient entièrement couvertes de toile, alors vous êtes sûr de mettre vos oiseaux à l'abri de tout accident. Toujours désireux d'être utile, je vais en quelques mots vous donner la forme de ces cages : hauteur, 25 à 30 centimètres ; largeur, 30 à 35, et longueur, selon le nombre de sujets à placer. (*Fig. 4*). Chaque 30 centimètres de longueur,

Fig. 4. — Cage à cailles.

Fig. 5.

nous vous conseillons de mettre une séparation en volige légère et cintrée comme les deux côtés du bout (*fig. 5*), afin de mieux soutenir la toile ; et, en laissant à chaque séparation une petite porte de communication au milieu, vous accordez quelque chose à cette passion de voyager, de changer de position, et vous la rendez moins violente et moins dangereuse. Placez vos mangeoires et abreuvoirs en dehors, comme dans les épinettes pour les poules à engraisser, afin de ne rien laisser dans les cages, où elles pourraient aller se heurter (*fig. 4*).

VI. Cet instinct d'émigrer se remarque chez tous les individus, soit seuls, soit en société, en cage comme en volière; et, ce qui est plus étonnant, c'est qu'on le trouve avec la même ardeur dans les sujets élevés en domesticité, et qui n'ont jamais connu les plaisirs de la liberté et de l'émigration.

Cependant j'ai remarqué qu'une fois un hiver passé en France cette passion était pour toujours éteinte dans les individus élevés en volière, car, je l'ai remarquée encore, mais moins forte pourtant, dans ceux qui avaient été pris au filet, et qui sans doute avaient connu l'émigration ; mais, après la seconde année, je n'ai plus rien remarqué.

VII. Les pariades des perdrix commencent dès le mois de février ; il faut donc séparer les couples dès ce moment ; autrement, les combats entre les mâles vont commencer et d'une manière terrible.

Les cailles, au contraire, ne commencent à se rechercher qu'au mois d'avril ; cependant cela dépend du degré de température où elles ont passé la mauvaise saison ; aussitôt que vous apercevez quelque manifestation de ce genre, séparez les couples, car leurs combats sont encore plus acharnés que ceux des perdrix; ils vont jusqu'à la mort de l'un ou de l'autre des adversaires; cela étonne dans des petits oiseaux du reste fort doux; mais c'est un fait d'expérience, et cela provient de la passion de l'amour qui, chez eux, est élevée au dernier degré.

VIII. Dès le mois de février pour les perdrix et le mois d'avril pour les cailles, si on n'apercevait pas cette ardeur qui leur est ordinaire, on pourrait les chauffer un peu, en augmentant la dose de chènevis et supprimant le seigle et l'orge; toutefois, soyez fort sage au sujet du chènevis, et rappelez-vous là-dessus les conseils déjà donnés. Augmentez comme compensation la verdure, et ne craignez pas, comme je l'ai souvent entendu dire par des amateurs et des fermières, que cela les rafraîchisse trop et nuise à la ponte des volailles.

Quand les perdrix et les cailles sont en liberté, à cette époque où la nature produit tant d'herbes tendres, fraîches et à leur goût, elles ne se nourrissent pour ainsi dire que de cela, et cependant ça ne nuit point à leur ardeur. Ne craignez donc pas d'imiter la nature.

Une preuve de ce que j'avance, c'est que les cailles que l'on prend alors, et qu'on appelle pour cela cailles *vertes*, sont fort grasses et fort ardentes, car c'est leur ardeur qui les fait donner avec tant d'imprudence dans les filets.

Cependant, soyons toujours exact autant que possible; je crois bien que la nourriture de tant de jeunes et bonnes herbes contribue à leur ardeur; mais, ce qui y contribue encore plus, c'est la nourriture de tant d'insectes qui sortent alors de terre et dont elles sont très-friandes; voilà pourquoi nous conseillons un peu plus de chènevis, afin de remplacer ces insectes qu'elles n'ont pas en domesticité.

CHAPITRE IV

MANIÈRE D'ENLEVER LES PREMIÈRES PONTES.

I. Vos oiseaux ainsi placés, nourris et soignés, commenceront et feront leur ponte aussi régulièrement qu'en pleine liberté, et mieux, parce qu'ils seront exposés à moins d'accidents.

La caille choisira les parties du milieu de la volière, grattera un peu la terre dans les bosquets de buis, ou dans les allées, fera un nid à peine visible au moyen de quelques brins d'herbes et quelques feuilles, mais le visitera souvent et vous pondra de douze à dix-sept, dix-huit œufs : un par jour.

Les colins choisiront les parties un peu fourrées et à tige un peu haute; au milieu de ce fourré, ou à côté, l'adossant contre, la femelle construira un nid d'herbes fines de forme ronde un peu enfoncé dans la terre et ayant une entrée assez semblable à celle d'un four ordinaire ; elle pondra de vingt-trois à vingt-cinq œufs d'un blanc pur.

La perdrix grise adoptera les coins les mieux abrités et les plus éloignés des regards; c'est pour cela que nous avons conseillé de les garnir de buis ; elle pondra de quinze à dix-huit, vingt, vingt-deux œufs, un par jour, ou presque tous les jours.

La perdrix rouge nichera dans les recoins, à la base du rocher, ou même dans ceux qui se trouvent sur la pente, et quelquefois dans les bosquets de bruyère ou de lavande et pondra comme la grise.

II. Maintenant, il s'agit d'enlever à propos cette première ponte, sans trop les dépiter et les décourager, et de leur en faire produire une seconde, même une troisième.

C'est ici que commencent, non pas les difficultés, mais certaines précautions. J'ai remarqué que, si on les laisse commencer leur couvée et qu'on leur enlève alors l'objet de leur affection, on blesse profondément l'instinct admirable de la nature; cet instinct est très-vif, c'est une passion, une maladie même, et brusquer cette fièvre, c'est s'exposer à en créer une autre quelquefois dangereuse pour leur santé, c'est-à-dire un profond dépit, un ennui et souvent un dépérissement à vue d'œil, toujours fatal aux pontes subséquentes, soit en les retardant et quelquefois en les arrêtant tout à fait. Il faudrait donc tâcher de saisir la fin de la ponte et enlever à point les œufs; alors leur chagrin, quoique grand, est moins profond; du moins, il ne m'a pas paru aussi dangereux, et cela, je crois, parce que la maladie de couver n'était pas encore déclarée. D'un autre côté, si vous en-

levez trop tôt les œufs, un certain dépit les prend,
elles abandonnent leur nid et pondent encore quelques œufs, par ci, par là, à travers la volière; mais
bien moins que si elles n'avaient pas été dérangées;
toutefois, il vaut mieux avoir quelques œufs de
moins que de laisser la fièvre de couver se déclarer.

III. Pour cela, il est bon de savoir qu'il y a des
cailles, même des perdrix (le cas est plus rare dans
la perdrix), qui ne font que six, huit, dix œufs à la
première ponte, tandis que la seconde et même la
troisième sont tout à fait normales. Or, crainte de
se trouver dans ce cas, il faut, sitôt que la ponte est
commencée, voir chaque jour s'il y a un œuf nouveau, et tâcher de voir sans avoir trop l'air de voir,
mais comme en passant, en donnant à manger, à
boire et sans s'arrêter à considérer, surtout sans dé-
ranger le nid, car, aussitôt son œuf pondu, la mère se
retire, mais en arrangeant et en couvrant légèrement
et avec une certaine négligence son nid, pour mieux
déguiser son trésor aux regards. Si vous y touchez,
vous remarquerez à son air inquiet, à son petit cri,
que cela la dépite; cependant il faut tâcher, pour
votre gouverne, de voir s'il y a un œuf nouveau
chaque jour; il faut remarquer aussi, par le même
motif, si elle ne reste pas trop sur son nid, surtout
passé dix à onze heures, car d'ordinaire elle pond
avant cette heure, et si on voyait qu'après ces heures
elle reste plus que d'habitude sur ses œufs, ce serait
comme un indice que la maladie de couver n'est pas

loin. Cependant ne prenez pas les petits instants qu'elle aime quelquefois à passer sur ses œufs, par pur plaisir, pour la maladie de couver; un peu d'habitude vous en fera saisir tout de suite la différence : quand c'est uniquement le plaisir du moment, elle y reste peu, elle est moins affaissée et comme en passant; tandis que, lorsque c'est la fièvre de couver bien déclarée, c'est alors tout un monde de préparatifs : elle arrange son nid, elle soulève ses œufs, elle les retourne, puis, passez-moi l'expression, *elle saisit* ses œufs avec passion; on la voit s'affaisser, s'aplatir pour ainsi dire, écarter légèrement les ailes, allonger les plumes latérales, les recourber autour des œufs, surtout quand ils sont nombreux, quinze, dix-huit, et comme embrasser de tout son petit être l'objet de son affection. Alors la maladie est bien déclarée, c'est fâcheux; mais n'importe, il faut, malgré cela, lui enlever ses œufs, car, comme nous verrons plus loin, elle réussit assez mal à couver, elle se donne trop de peine pour élever ses petits, et, du reste, elle ne pondrait plus de cette année.

IV. La première ponte enlevée, même le plus adroitement, elle se dépite pendant un jour ou deux; on la voit, tout affairée et chagrine, courir chercher partout; bientôt le mâle l'environne de nouvelles assiduités, et, au bout de cinq, six, sept jours, elle recommence une seconde ponte, mais non pas dans le premier nid, toujours dans un autre endroit. Cette seconde ponte est aussi abondante, souvent même plus que la première, surtout quand la soustraction des œufs a été faite convenablement. Vous enlevez cette seconde ponte avec toutes les précautions que vous avez prises pour la première, et, dans quelque temps, elle vous en fait une troisième. Celle-ci est souvent moins abondante. Les cailles ne font guère plus de huit, dix, douze œufs, et les perdrix quatorze, quinze, dix-sept. Je n'ai pas eu de cas d'une quatrième ponte, mais presque toujours j'en ai obtenu une troisième, surtout lorsque l'expérience m'eut appris tous les soins à donner et les précautions à prendre pour enlever les premières pontes.

V. Nous venons d'entrer dans des détails capables d'effrayer tout le monde; cependant, c'est long, il est vrai, à dire, à expliquer; mais lorsqu'on le sait, c'est simple et facile à faire.

Du reste, pour tout bien préciser, la plupart du temps, toutes ces précautions ne sont pas nécessaires. J'ai vu un de mes amis, à qui j'avais donné des élèves que j'avais faits moi-même, ne prendre aucune précaution, et toujours il réussissait à merveille; et lorsque je voulais lui faire quelque observation, il me répondait : « Je suis sûr de mes sujets, je les connais; vous le voyez bien, du reste, à mes succès. » D'un autre côté, je me rappelle qu'à mon début j'eus plusieurs pontes dérangées et même tout à fait interrompues, faute, je crois, de prendre ces précautions. Je dois dire aussi que les sujets que j'avais, je les avais achetés et ne les avais point élevés moi-même.

Avec tous ces renseignements, vous pourrez maintenant voir vous-même ce que vous aurez à faire.

Au reste, je ne dois pas vous laisser ignorer que les perdrix demandent rarement à couver, et, par conséquent, vous dispensent de toutes ces attentions et de tous ces ménagements; il suffit, vers la fin de chaque ponte, de ramasser leurs œufs, et, après quelques jours, elles recommencent à pondre. Quelquefois il y a de petites interruptions; ne vous découragez pas; attendez, et tout reprendra son cours.

DEUXIÈME PARTIE

Mettre couver

Nous voici en possession de trente-cinq, quarante, quarante-cinq œufs de caille et de cinquante à soixante de perdrix ; mais vous comprenez que les premiers ne peuvent attendre les derniers pour être donnés à couver, ils seraient trop vieux et ne seraient plus propres à l'incubation. Que faire? Il y a trois moyens de les mettre couver, mais avant il faut des couveuses, et le plus souvent c'est un des plus grands embarras ; cependant j'espère pouvoir vous donner les moyens de vous faire triompher de tous les obstacles.

CHAPITRE PREMIER

MOYEN D'AVOIR DES COUVEUSES

Vous pouvez vous procurer facilement, d'après ma manière de penser, trois espèces de couveuses :

1º *Des poules.* — Ayez une basse-cour bien exposée, avec un peu de fumier tous les jours, ou deux

ou trois fois par semaine; faites dans votre basse-
cour deux ou trois compartiments de treillage de
bois assez dru juste pour empêcher les poules de
passer. Dans un de ces grands parquets placez une
dizaine de petites poules anglaises avec leur coq;
ces petites poules sont douces, familières, admirables
pondeuses et couveuses; je veux vous en citer un
seul fait. Une année je donnai à une de mes petites
poules deux œufs de paon à couver, c'était vraiment
ridicule; cette pauvre petite bête paraissait juchée sur
ces deux gros œufs; à une certaine distance on voyait
une partie de ces œufs qu'elle ne pouvait entièrement couvrir malgré tous ses efforts pour allonger
tout autour les plumes latérales; c'était dans la belle
saison, en juin, l'air extérieur était chaud; eh bien,
elle couva ainsi avec une constance admirable trente-
deux jours, et fit éclore les deux petits qu'elle aima,
je crois, d'autant plus qu'ils lui avaient coûté plus
de peine; il fallait voir au bout de cinq à six semaines,
et même plus tard, ces deux grands garçons demander encore à être couverts de temps à autre par
leur petite mère; ils couraient alors se fourrer l'un
de chaque côté sous ses ailes qu'elle étendait com-
plaisamment; ils la soulevaient ainsi par leur grande
taille chacun de son côté, de manière qu'elle était
loin de toucher à terre, et malgré cette fausse position elle y restait pour leur faire plaisir. Il faut aussi
leur rendre justice, ils furent très-reconnaissants de
tous ces bons soins; ils étaient très-attachés à leur
bonne mère, ils la suivaient partout, ils ne pouvaient

se passer d'elle, et ils étaient grands comme père et mère qu'encore ils voulaient toujours coucher à côté d'elle.

Ces petites poules ne sont peut-être pas bien connues dans la province, mais à Paris et aux environs elles sont très-communes ; on peut donc s'en procurer facilement, et c'est un vrai trésor pour celui qui veut surtout élever des cailles ; car, à cause de leur petitesse et de leurs tendres soins, elles n'écrasent pas, comme il arrive souvent aux grosses poules, les petits cailleteaux.

De plus, elles sont d'une forme belle, bien faite ; il y a surtout des coqs d'une admirable beauté, faits à peindre et à croquer : une crête courte frisée, d'un rouge frais, petit corps bien proportionné, bien cambré, une queue riche, une taille noble, élégante, une démarche qui semble vous dire qu'on a le sentiment de ces belles qualités.

Outre ce parquet de poules anglaises, nous conseillons d'avoir cinq ou six poules cochinchinoises et autant de celles que les fermières appellent bayadères aux environs de Paris.

La poule cochinchinoise (*fig. 6*) est, comme on dit, une fureur ; en Angleterre on en paie jusqu'à 60 fr. la pièce, mais elles sont déjà fort répandues en France et se paient de 20 à 30 fr. la pièce ; leur réputation est méritée par leur bonté, car elles ne sont pas belles : de longues jambes, presque pas de queue, une petite tête avec un corps vigoureusement membré, une large poitrine, des reins forts et trapus :

tout cela ne peut pas constituer une forme élégante ; les coqs sont peu différents des poules : quelques

Fig. 6. — Poule cochinchinoise.

plumes en arc à la queue, une tête un peu plus forte, une taille légèrement plus grande, voilà toute la différence des coqs d'avec les poules.

Cette espèce fournit des poulets presque aussi gros que des petits dindons, d'une viande blanche et fort délicate ; mais surtout, ce qui doit attirer notre attention, c'est que ces poules sont d'excellentes pondeuses et couveuses ; elles donnent dix-huit à vingt œufs de suite, un par jour, puis elles demandent à couver; si on les empêche de couver, elles recommencent leur ponte au bout de quelques jours, et ainsi de suite: elles sont très-douces, très-chaudes et très-patientes couveuses.

Les bayadères sont une espèce de poules ordinaires, mais fortes et vigoureuses, ordinairement couleur marron, cou doré; ce qui les caractérise, c'est une bouffée de plumes qui leur donne comme des favoris autour des oreilles, et un bouquet de plumes pendantes au-dessous du bec comme la barbe de nos sapeurs; j'ai eu plusieurs de ces poules, et j'ai toujours remarqué en elles de précieuses dispositions pour pondre et pour couver.

Avec cette collection de poules bien soignées et un peu chauffées à propos, il faut espérer que vous aurez des couveuses à volonté.

Il faut espérer, mais ne pas y compter absolument, car il y a des années désespérantes sous ce rapport.

Les soins, l'expérience, tout semble échouer dans ces années-là; il serait trop long ici d'entrer dans les détails de tout ce que nous croyons être la cause de cette calamité pour les éleveurs; nous aimons mieux leur indiquer un moyen de remplacer les poules couveuses qui font défaut.

2º *Une dinde.* — Prenez une dinde de deux à trois ans, faites-lui avaler une cuillerée d'eau-de-vie, puis placez-la dans un demi-tonneau sur un nid de paille avec quelques mauvais œufs, couvrez votre tonneau de manière à intercepter le jour : au bout de douze à quinze heures, visitez-la, pour voir si elle a pris les œufs, si elle est bien couchée dessus; si les œufs sont chauds, c'est une preuve qu'elle a adopté les œufs et que vous avez une couveuse; cependant, recouvrez-la bien de nouveau et laissez-la encore pour bien vous en assurer une demi-journée; alors, si elle tient toujours bien les œufs, vous êtes sûr d'elle et vous pouvez agir comme nous l'indiquerons plus loin. Si, au contraire, lorsque vous la visitez pour la première ou deuxième fois, vous la trouvez sur les pieds, droite, les œufs froids ou même salis, alors vous êtes sûr qu'elle ne couve pas, et que cette fièvre ne lui est pas encore venue ; ne vous découragez pas, ôtez-la, nettoyez le nid, arrangez-le de nouveau, donnez-lui encore un peu d'eau-de-vie et remettez-la sur les œufs en la couvrant bien, et vous réussirez, je vous le promets, à la seconde ou à la troisième fois.

Une fois sûr de votre couveuse, préparez-lui par terre, en un coin, dans une demi-obscurité, un nid ainsi arrangé : fouillez un peu la terre sur 25 à 30 centimètres de large et 5 à 10 centimètres de profondeur, laissez une partie de cette terre meuble dans le nid pour en adoucir un peu la dureté et de manière qu'il ne soit ni trop creux, ni trop plat, recouvrez le nid de terre d'un second nid en paille douce, ou en foin, assez éloigné des murs pour qu'en se tournant sa queue ou sa tête ne soient point gênées; mettez dans le nid ainsi préparé six ou huit œufs de poule anglaise que vous désirez faire couver, puis placez doucement dessus votre dinde. Les premiers jours, couvrez-la dans son nid d'un demi-tonneau défoncé pour lui donner de l'air, mais recouvert en partie avec quelques planches pour la mettre à l'abri de toute taquinerie et lui ôter la pensée de s'en aller. Pour la faire manger, vous l'enlèverez doucement par les ailes et la déposerez à terre devant la nourriture et l'eau que vous lui avez préparées d'avance.

Au bout de deux jours, lorsque vous êtes tout à fait sûr qu'elle couve bien, vous ôtez pour toujours le tonneau et lui glissez les œufs qui commencent à être un peu vieux et qui pressent ; vous pouvez lui en donner avec les six de poule qu'elle a déjà, vingt-cinq ou trente de perdrix, de caille ou de faisan; ayez soin seulement de marquer à l'encre sur chacun le quantième du mois où ils ont été mis sous la dinde; ne craignez pas qu'elle les rejette ou les écrase, elle adoptera tous ceux que vous lui donnerez et n'en cassera pas un ; son nid étant placé à terre comme nous l'avons dit, elle n'aura pas besoin de sauter sur son nid, comme s'il était dans une boîte ou un tonneau; elle vous étonnera du reste par ses précautions : vous la verrez non pas monter avec ses pattes sur son nid ou sur ses œufs, mais s'affaisser sur les bords, puis se glisser sur les œufs tout doucement; on dirait qu'elle sait qu'elle est lourde et qu'elle a un trésor fragile à ménager. Sous ce rapport, elle ne mérite pas qu'on dise d'elle *sot comme une dinde.*

Aussitôt que vous aurez des poules couveuses,

vous retirerez une vingtaine d'œufs portant le même quantième et les donnerez à votre couveuse, puis ensuite vous en glisserez d'autres à votre dinde, jusqu'à ce que vous ayez d'autres couveuses, et ainsi de suite si vous voulez pendant deux à trois mois.

Mais, on le conçoit, plus vous la gardez pour couver, plus vous devez redoubler de soins, et malgré tout cela, au bout d'un si long temps, elle est fort maigre : l'amour de couver est une fièvre qui la mine.

Chaque jour, vers les neuf à dix heures, il faut la prendre, l'enlever de dessus ses œufs avec précaution, car souvent elle en a entre les jambes et sous les ailes, la mettre hors du couvoir et fermer la porte; autrement, elle ne prend pas le temps de manger et retourne sur les œufs. Il faut mettre bien à sa portée de la bonne nourriture et en abondance, du blé, de l'avoine, de la verdure et de l'eau fraîche; souvent vous serez obligé de la faire lever; autrement, elle reste affaissée à la place où vous l'avez déposée comme si elle couvait encore, c'est qu'elle a les jambes engourdies; au bout d'un petit quart d'heure, lorsqu'elle a bien mangé, vous lui ouvrez la porte et elle s'en va tout doucement se remettre sur les œufs.

3º *Couveuse artificielle.* — A défaut de dindes, et même pour leur épargner cette corvée, je vous conseillerais d'avoir une couveuse artificielle; aujourd'hui on a bien perfectionné cet appareil; il ne laisse

presque rien à désirer, à mon avis, pour faire couver,
surtout celui de M. Bir, de Courbevoie, près Paris ;
mais, pour élever les petits éclos, il me semble qu'il
y aurait des améliorations à faire ; ainsi, le tiroir
à mettre les petits n'est pas plus grand que celui à
mettre les œufs ; or, on voit de suite qu'il faut pour
les petits, surtout pour les faire manger, plus de
place que pour les œufs.

Du reste, cette couveuse est extrèmement. précieuse pour un éleveur ; elle lui évite une foule de
tracas, soit pour se procurer des couveuses pour ses
premiers œufs, soit lorsque quelques-unes de ses
couveuses tombent malades ou abandonnent leurs
œufs ; il a toujours alors sous la main un moyen sûr
de parer à tous ces accidents ; je ne saurais donc
trop conseiller l'acquisition d'un appareil de ce genre.

CHAPITRE II

MÉTHODES POUR METTRE COUVER

Maintenant que vous avez vos couveuses, soit naturelles, soit artificielles, il ne s'agit plus que de mettre
vos œufs sous elles. Il y a, avons-nous déjà dit, trois
méthodes.

La première consiste à prendre la première ponte
de la caille, et sept ou huit œufs de la seconde, ou
toute une ponte de perdrix, et à mettre une poule,
ou à les glisser sous la dinde, ou à les placer dans la

couveuse artificielle, en marquant sur chacun le quantième du mois ; on donne ensuite les restes de la seconde ponte de la caille et la troisième à une autre poule, ou on les met avec les autres, toujours en marquant le quantième du mois bien exactement.

Deuxième méthode. Il serait mieux et plus facile d'avoir deux paires de cailles ; on prend alors les dix premiers œufs de chaque paire et l'on met une poule, puis les autres à une autre poule et ainsi de suite : on serait plus sûr de cette manière d'avoir des œufs frais et bons, et l'on serait moins exposé à des déceptions, si une caille venait à manquer. Au reste, quand on se met à même d'élever vingt-cinq ou trente petits, on peut en élever cinquante ou soixante ; la seule difficulté, c'est d'avoir assez de place, comme nous verrons plus loin, lorsqu'ils ont cinq à six semaines et qu'ils commencent à se piquer.

Troisième méthode. Elle consiste à prendre vingt ou vingt-cinq œufs, soit de caille, soit de colin, soit de perdrix grise ou rouge et à mettre une poule ; puis vingt-cinq autres avec une autre poule et ainsi de suite ; on peut très-bien faire ce mélange, car tous les œufs mettent le même temps pour éclore, et tous les petits s'élèvent très-bien ensemble. Cette méthode est la plus simple, la plus facile, la seule qu'on doive employer pour avoir des œufs bien frais, quand on a toutes ces diverses espèces ; mais quand on n'a que des cailles ou des perdrix seulement, on est bien obligé d'avoir recours à un des autres moyens, et voilà pourquoi nous les avons indiqués.

On devrait aussi, lorsque l'on a assez d'œufs, mettre toujours deux ou trois poules à la fois, même quoiqu'on fût obligé d'attendre que les œufs eussent déjà douze à quinze jours, parce qu'alors s'il y a beaucoup d'œufs clairs ou qui ne viennent pas bien à point, on pourra glisser tous les petits ayant le même âge à une seule poule, et abréger ainsi les soins en ménageant vos poules.

On peut encore simplifier, et on ne saurait trop le faire, surtout lorsqu'on a une certaine quantité d'élèves. Au bout de six à huit jours (même avant, quand on a l'expérience) on peut mirer tous les œufs qui sont sous les poules du même jour. Pour bien le faire, on les place à un rayon de jour ou de soleil ; on met de côté tous ceux qui sont clairs ou barbouillés, et souvent ainsi on peut réduire les couveuses de trois à deux, même à une. Ce cas arrive rarement avec les œufs de caille ou de perdrix, qui sont presque toujours bons ; — mais avec les œufs de faisan, surtout quand on n'a pas l'expérience nécessaire pour les soigner, cela arrive assez souvent.

CHAPITRE III

OBSERVATIONS SUR LES ŒUFS

C'est ici, je crois, le lieu et le moment convenables de placer certaines remarques assez curieuses que j'ai eu occasion de faire au sujet des œufs qu'on veut faire couver.

Les œufs que vous enlevez et que vous tâchez de conserver soigneusement dans un endroit choisi pour cela, c'est-à-dire, ni trop frais, ni trop chaud, se conservent néanmoins, malgré vos soins, moins aptes à la fécondation, si vous les gardez de vingt à vingt-cinq jours, que ceux qui restent dans le nid de la perdrix le même temps (je parle ici de la perdrix, parce que c'est à peu près le temps qu'elle met à faire sa ponte ; mais on pourrait en dire autant des autres en les gardant le même temps), quoique ceux qui restent dans le nid soient exposés à la fraîcheur des nuits et quelquefois aux rayons ardents du soleil. Il faut donc pour cela que la mère, dans les petites visites qu'elle aime à leur faire et surtout dans les moments de la ponte d'un nouvel œuf, leur communique quelque chose de particulier et d'impraticable pour nous ; mais le fait me paraît constant. Souvent, au bout de vingt-cinq à trente jours, j'ai eu dans les œufs que j'avais enlevés beaucoup de mauvais, tandis que ceux qui étaient restés le même temps dans le nid de la perdrix étaient tous bons.

Pour vous convaincre combien les soins de la mère contribuent à conserver ses œufs bons, faites une expérience bien simple : laissez hors du nid deux ou trois des premiers œufs, mais pourtant dans les mêmes conditions que ceux qui sont dans le nid, moins les soins de la mère. Au bout de vingt à vingt-cinq jours, lorsque la ponte est finie, marquez-les d'un

numéro à l'encre, mettez-les couver avec les autres,
et vous verrez que toujours ils sont gâtés et n'é-
closent pas, ce qui m'a comme prouvé que les soins
de la mère avaient une grande influence sur les œufs,
et que ce que j'ai appelé plus haut pur plaisir de la
mère à visiter son nid pouvait bien être en effet un
vrai plaisir, mais en même temps un besoin pour les
œufs et un instinct admirable de la nature.

Enfin, pour être tout à fait exact, je dois dire qu'il
y a une grande différence, cependant, entre les œufs
qu'on enlève et qu'on tâche de conserver avec soin
dans un lieu convenable et ceux qui restent hors du
nid et sans les soins de la mère : ceux-ci, au bout
de quinze à vingt jours et souvent en moins de temps,
sont presque toujours gâtés, tandis que ceux que l'on
sait conserver sont encore bons au bout de ce temps,
à moins qu'ils ne soient mauvais de leur nature, et
il doit en être ainsi pour que toutes les méthodes
que nous avons indiquées puissent réussir ; concluons
donc que si les petits soins de la mère contribuent
beaucoup à conserver les œufs, ceux que l'on prend
avec sagesse ne sont pas inutiles non plus.

TROISIÈME PARTIE

Faire couver

Vos œufs sont confiés à vos couveuses, il faut maintenant conduire à point toutes ces couvées, objets de vos espérances. Ici, j'ai encore besoin d'indiquer quelques précautions, et ce que je vais dire peut s'appliquer à toute espèce d'œufs qu'on veut faire couver par des poules.

1o Il faut des poules *douces* et bien portantes ; je n'ai jamais bien réussi avec des poules de ferme et d'emprunt ; elles sont trop volages ou farouches, et pas assez habituées au local et aux personnes nouvelles qui les soignent.

2o Choisissez pour mettre vos couveuses un endroit tranquille, formez un demi-jour, que cet endroit ne soit ni trop frais, ni trop chaud ; tenez-le toujours dans un grand état de propreté.

3o Ayez pour les petites poules anglaises de petites boîtes en bois de 25 à 30 centimètres carrés ; faites avec de la paille fraîche, que vous aurez un peu brisée avec les mains pour lui ôter sa rudesse, un nid convenable dans vos boîtes ; que ce nid ne soit pas trop creux, autrement les œufs se mettent en tas les uns sur les autres, et ceux qui sont par dessous ne reçoivent pas la chaleur fécondante ; qu'il ne soit pas non plus trop plat, sans quoi les œufs s'échappent de dessous la poule et coulent sur les côtés, et sont ainsi privés de la chaleur nécessaire. A la hauteur du nid de paille, pratiquez avec une vrille des petits trous pour donner de l'air aux couveuses et même aux œufs; il leur en faut pour être couvés comme pour vivre ; vos boîtes étant ainsi préparées, placez-y doucement vos poules et couvrez-les d'un couvercle à claire-voie pour leur donner de l'air, et en même temps pour arrêter quelquefois leurs caprices et les mettre à couvert de tout danger extérieur. Pour les grosses poules, placez-les à terre , comme nous l'avons indiqué pour la dinde et pour les mêmes motifs. Couvrez-les dans leur nid d'une boîte carrée de 35 à 40 centimètres et qui s'ouvre sur le devant pour les laisser sortir et entrer ; cette boîte doit avoir un couvercle à claire-voie et des trous comme les autres.

4° Maintenant, avant de leur confier vos espérances, donnez-leur trois ou quatre petits œufs de leur espèce, et, au bout de quelque temps, une demi-journée par exemple , lorsque vous verrez qu'elles ont bien pris leurs œufs , glissez-leur tout doucement ceux que vous leur destinez et ôtez les autres.

5° Tous les jours, vers neuf à dix heures, visitez-les, levez-les doucement de dessus leurs œufs, prenez garde qu'elles n'enlèvent avec elles quelques œufs ; souvent elles les font remonter jusque sous leurs ailes (ce sont ordinairement les bonnes couveuses qui font cela); déposez-les à terre ; mettez devant elles, dans une mangeoire assez plate pour qu'elles puissent bien voir leur manger, de la graine fraîche, un mélange de blé, d'avoine, de sarrasin, de chènevis, et de l'eau renouvelée chaque jour dans un vase convenable ; si elles restaient affaissées sur elles-mêmes, comme si elles voulaient continuer de couver, faites-les lever doucement pour leur dégourdir les jambes et les exciter à manger ; donnez-leur un bon petit quart-d'heure, puis remettez-les doucement sur leur nid, si elles n'y vont pas d'elles-mêmes. N'en laissez sortir ou manger qu'une ou deux à la fois, autrement elles se battent, s'emparent des nids les unes des autres et se dégoûtent quelquefois de couver.

6º Au bout de six à sept jours, il faut visiter l'intérieur de leur nid, de peur de la vermine, surtout si on voyait que leur crête pâlit et se fane, qu'elles témoignent de l'impatience de se lever ; alors et même sans ces symptômes, par précaution, enlevez les œufs pendant qu'elles mangent ; puis, vous mettant au grand jour, ôtez la paille du nid, couche par couche ; s'il y a de la vermine, vous ne la trouverez qu'aux dernières couches. Ce sont de petits poux rouges qui se mettent ensemble et par pelote ; pendant le jour, ils descendent au fond du nid ; mais la nuit ils envahissent la couveuse et la tourmentent au point de la rendre malade et de lui faire abandonner ses œufs. Sitôt que vous apercevrez les traces de cette vermine, ne perdez pas de temps, ça pullule

vite ; mettez vos œufs et votre couveuse dans une
nouvelle boîte , préparée comme la première. Pour
celle-ci, ne la laissez pas dans votre couvoir, enlevez-
là, jetez la paille loin de là , et nettoyez bien votre
boîte à l'eau de potasse bouillante avant de vous en
servir de nouveau. Le meilleur moyen pour la puri-
fier à fond , c'est de prier votre boulanger de vous
la mettre cinq minutes dans son four , lorsqu'il est
bien chaud : alors la vermine et ses œufs sont entièrement détruits.

QUATRIÈME PARTIE

Éducation des petits

Voici vos petits éclos, et, chose curieuse, ils sont
éclos tous à la fois; les œufs se sont fendus par le
milieu, et tous les petits ont paru, formant comme
une pelote de gros frélons : au bout d'une demi-
heure, une heure au plus, à peine séchés, ils sortent
de dessous la poule, commencent à courir et à chercher à manger. Enlevez alors doucement votre poule,
déposez-la dans une boîte *ad hoc* (*fig.* 7 et ses détails, *fig.* 8 et 9), sur la planche, sans paille ni foin,

Fig. 7. — Boîte pour cailleteaux et perdreaux.

car autrement les petits s'entortillent leurs petites
jambes, et vous en perdez souvent plusieurs; glissez
sous la mère les petits et couvrez votre boîte.

Ces boîtes sont indispensables pour élever des petits cailleteaux, perdreaux ou faisandeaux. Il y a

plusieurs manières de les faire ; voici celle que l'expérience m'a démontrée la plus commode : faites-les en planches légères de sapin du Nord, afin qu'elles soient plus faciles à remuer ; de plus, il a une odeur de résine beaucoup plus marquée que les autres, et par là même plus à l'abri de la vermine ; il serait bon que les planches fussent rabotées, raînées et peintes pour plus de propreté ; donnez à ces boîtes 1 mètre 40 à 50 centimètres de longueur, 35 à 45 centimètres de largeur ; le compartiment destiné à la poule aura 40 centimètres : le reste sera pour les petits. Le côté de la poule doit avoir 35 à 40 centimètres de haut pour qu'elle soit bien à son aise ; celui des petits 25 à 30 centimètres, un peu moins élevé, pour que l'air et le soleil puissent mieux y pénétrer, et que votre boîte n'ait pas la forme d'une bière ; que les deux extrémités se ferment à coulisse, ainsi que la séparation de la mère, et cela pour une foule d'usages fort commodes : 1º pour nettoyer et laver plus facilement vos boîtes ; 2º pour laisser de temps en temps passer la mère du côté des petits pour qu'elle mange les restes qu'ils font ; 3º pour laisser sortir les petits ou dans le jardin ou dans la volière, comme nous verrons plus loin. Le côté de la poule devrait avoir un couvercle à double pente en planche légère pour qu'elle soit à l'abri du mauvais temps et plus tranquille ; on ferait bien d'en avoir un pareil, mobile, de la longueur du compartiment des petits, afin que, dans une averse, on puisse couvrir la boîte et mettre les petits à l'abri sans avoir besoin de rentrer les boîtes. Outre le couvercle mobile, qui n'est que pour la nuit ou pour le mauvais temps, la partie des petits doit être recouverte d'un filet ; les deux tiers de ce filet sont fixés aux rebords de la boite ; l'autre tiers est mobile comme le couvercle d'une tabatière, pour laisser une ouverture convenable et faciliter les soins à donner aux petits. Voici comment on peut rendre cette partie mobile. On a un filet fait de la grandeur de la partie à couvrir, ou bien on en découpe un morceau de cette grandeur sur une pièce de filet : on prend un fil de fer d'une grosseur moyenne, on lui donne la forme d'un fer à cheval carré et de la grandeur du tiers du compartiment à couvrir ; on passe les bouts de fil de fer dans les mailles des extrémités du filet, de manière à former un couvercle à charnière. Les bouts de ce fer à cheval (*fig. 8*) sont rivés et accrochés à un petit anneau en fil de fer (*fig. 9*), enfoncé sur le rebord de la planche.

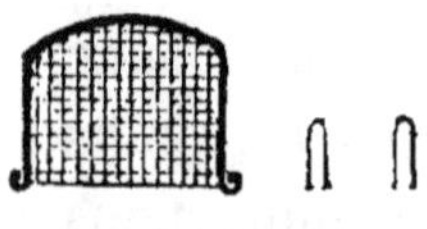

Fig. 8.   Fig. 9.

Maintenant, le plus important, c'est de bien élever cette famille qui fait vos douces espérances. Je vais, pour cela, entrer dans quelques détails que l'expérience seule peut fournir. Ne donnez à boire à vos petits que dans des *canaris* en verre : avec tout autre vase, vos petits se noient, se mouillent, salissent leur eau, leur nourriture, et vous en perdez beaucoup ; avec ce petit moyen, ils sont toujours propres et sans danger ; rapprochez assez votre *canari* des barreaux pour que la poule puisse boire et montrer à ses petits à faire comme elle. Pour les deux ou trois premiers jours, les œufs de fourmi sont indispensables aux cailleteaux, et, pendant huit à quinze jours, aux perdreaux. A Paris, rien de plus facile que de s'en procurer ; il s'agit de savoir l'adresse des personnes qui vont en ramasser dans les bois et de leur en demander. J'ai remarqué que ces œufs des bois sont un peu gros pour les cailleteaux et même pour les perdreaux, surtout les premiers jours : il serait à souhaiter que vous pussiez vous en procurer quelques-uns dans des parcs ou dans des jardins pour les deux ou trois premiers jours. Donnez-en peu et souvent à vos petits, et assez loin des barreaux, autrement la poule vous les dévorera en un clin d'œil ; cependant, le premier jour, on en donne quelques-uns près des barreaux, surtout si ce sont des gros, afin que la poule en mange quelques-uns et excite les petits à en faire autant. Les premiers jours, visitez souvent vos petits ; presque toujours vous trouverez quelque chose à faire, quelque soin à donner ; dès les premiers temps vous pouvez ajouter à vos œufs de fourmi quelques pincées de pâtée faite avec de la mie de pain fine, des œufs durs et de la salade bien hachés ; chaque jour on augmente la quantité de pâtée ; au bout de huit à dix jours on donne un peu de millet, qu'on augmente aussi chaque jour, puis un peu de chènevis, de blé, jusqu'à ce que la pâtée et la graine tiennent tout à fait lieu des œufs de fourmi. Si sur le nombre il y en

avait quelques-uns d'un peu maladifs, on leur don-
nerait à part quelques œufs de fourmi, c'est pour eux
et même pour tous les oiseaux de volière, jusqu'aux
petits oiseaux des îles, un remède salutaire dans
leurs petites maladies et une nourriture favorite et
féconde ; c'est quelquefois le seul moyen de faire
produire ces beaux petits oiseaux des îles, ou de
leur faire élever leur petite famille.

On peut économiser les œufs de fourmi, même les
remplacer au besoin, lorsque les petits y sont habi-
tués, par la pâtée de rossignol. On la fait avec du
cœur de bœuf écrasé avec la tête d'un marteau, puis
bien haché et mélangé avec un tiers ou une moitié
de farine de pavot ; cette farine se trouve à Paris très-
facilement sous la forme de grands pains qu'on broie
ou qu'on moud.

Il faut que cette pâtée soit un peu ferme, afin
qu'elle s'émiette facilement en petits morceaux à peu
près semblables à un œuf de fourmi et propres à être
avalés par les petits.

On donne aussi des asticots, mais j'ai remarqué que
cette nourriture est échauffante et donne aux petits
au bout de quelques jours une espèce de teigne ou
de gale autour du bec et des yeux ; cependant, en
les lavant à l'eau de son un peu chaude, on parvient
à les rendre une nourriture convenable ; il ne faudrait pourtant pas les nourrir exclusivement de cet
aliment.

Il serait donc précieux d'avoir dans le voisinage
une ou deux fourmilières, par exemple, dans un parc,

un petit bois, afin d'avoir sous la main un moyen si utile, et quelquefois si nécessaire. Une autre fois, peut-être, j'aurai occasion d'indiquer les moyens de créer de petites fourmilières et la manière de les faire produire et de leur enlever leurs œufs sans les détruire.

Au bout de trois à quatre semaines vos boîtes seront trop petites pour votre famille, qui a grandi à vue d'œil, surtout si elle est nombreuse; il faut agrandir vos boîtes en ajoutant l'une au bout de l'autre; ou mieux, mettez votre petit troupeau en volière; si votre compartiment est grand, vous pouvez y porter votre boîte, lever la coulisse, laisser sortir vos petits, mais toujours laisser la mère dans la boîte. Ne l'oubliez pas, plus la captivité est longue, plus elle a besoin de soins; prenez garde à la vermine, visitez souvent la boîte, les coulisses; rapprochez la nourriture et l'eau à sa portée; donnez-lui souvent de la verdure; après tant de travail et de captivité, elle est longtemps très-échauffée. Si votre compartiment n'était pas très-grand et que la boîte en prît une grande partie, ayez pour la mère seule une petite boîte exprès, de 40 centimètres carrés, avec barreaux, etc.

Dans six à huit semaines, si vous avez dans chaque compartiment de vingt à vingt-cinq perdreaux ou faisandeaux, votre volière d'un mètre et demi carré sera encore un peu petite, et vos perdreaux sont en grand danger de se piquer; c'est un si grand inconvénient, un malheur même si difficile à réparer, qu'il

faut faire tout son possible pour le prévenir. Pour
cela donnez un second compartiment à votre famille,
au moyen d'une petite porte de communication. On
peut, pendant un certain temps, restreindre un peu
les pondeuses, et agrandir l'espace aux jeunes qui
croissent tous les jours. Si vous ne pouvez absolument
augmenter votre volière, voici un moyen de parer un
peu à cet inconvénient : piquez en terre de petits
faisceaux de branches, de petites bottes de brous-
sailles, formant de petits bosquets, de petites haies,
de petits sentiers, afin que les petits puissent fuir,
s'éviter, lorsque la malheureuse passion de se piquer
les prend. Beaucoup de personnes ne savent pas ce
que c'est que se piquer ; il est bon d'en dire un mot
pour leur gouverne. Au bout de six à huit semaines,
lorsque la jeune plume commence à former sur leur
dos comme le grain d'avoine, les perdreaux, les faisandeaux, même les cailleteaux (c'est rare pour les
derniers, à moins qu'ils ne soient très-nombreux et
trop resserrés, ce qui m'est arrivé quelquefois, mais
c'est très-commun pour les perdreaux et les faisandeaux), se piquent l'un l'autre au-dessus de la queue,
s'arrachent les plumes, le sang paraît, ce qui les
excite encore davantage, et alors cela devient comme
une épidémie, une fureur générale ; en quelques minutes votre famille est tout en sang, abîmée ; et plus
ils se piquent, plus la passion semble augmenter;
alors il faut les séparer, et comment faire, lorsqu'on
en a vingt à vingt-cinq dans chaque compartiment,
et que vous n'avez plus de place ? Il faudrait, du

reste, de la place pour mettre chacun en son particulier. J'ai quelquefois un peu calmé, un peu arrêté
cette fureur, en faisant, avec de la suie bien pulvé-
risée, un peu d'huile ou d'axonge, une pommade
que je passais, avec un pinceau, sur la partie blessée ;
l'amertume de cette substance arrêtait un peu la
passion des *piqueurs ;* mais le moyen n'avait quelque
réussite que lorsque l'on avait un peu espacé et séparé le troupeau. Pour mieux réussir, dans cette
triste circonstance, il faut les bien pommader et les
lâcher dans le jardin, après leur avoir coupé les
plumes d'une aile pour les empêcher de s'envoler. Je
le sais, rien de si abominable qu'une aile coupée,
comme on la coupe d'ordinaire, c'est-à-dire qu'on
coupe tout droit plumes grandes, moyennes et petites,
tout à la fois, de manière que l'oiseau a le flanc à
découvert et tailladé : mais il y a une manière de la
couper, toute simple, et qui ne laisse rien de visible
à l'œil, en atteignant également le but qu'on se pro-
pose, c'est-à-dire empêcher de voler : pour cela on
ne coupe que les plus longues plumes, en ayant bien
soin de les séparer des petites et des secondaires,
destinées par la nature à recouvrir le bas des longues,
qui serait trop nu, et à ménager une douce et agréa-
ble gradation. Dans certains oiseaux, le canard, le
pigeon, etc., on peut laisser les deux dernières longues pour soutenir l'aile sur la queue ; ainsi coupée,
l'aile n'a rien de désagréable et de visible, et cependant l'oiseau ne peut pas voler, il ne peut faire que
certains bonds et retomber de côté.

Cette méthode de lâcher ainsi les petits dans un jardin, un parc, même une cour, est excellente pour les voir venir vite et bien ; au reste, ils ne dégradent rien, au contraire, ils détruisent beaucoup d'insectes et ne font que becqueter un peu les salades et certaines herbes : c'est la poule mère qui dégraderait beaucoup en grattant partout et dévorant beaucoup de choses utiles ; elle est beaucoup plus vorace que les petits perdreaux et les faisandeaux ; pour les petits cailleteaux, à peine s'aperçoit-on qu'ils sont dans le jardin ; si on veut rendre cette méthode plus profitable aux petits, il faut changer de temps en temps la boîte de la mère de place, afin que les petits, qui restent aux environs et à une certaine distance, puissent ainsi peu à peu parcourir tout l'espace que vous leur destinez (1).

Dès la fin d'août, vous pouvez commencer à manger de vos petits, s'ils ont été bien soignés.

Je m'arrête ici. J'aurai paru bien long, bien détaillé, peut-être, pour un grand nombre ; mais pour l'homme pratique et qui n'a pas encore l'expérience de toutes ces choses, je suis sûr que j'aurai été trop court en bien des endroits ; du reste, je n'ai eu en vue que la plus grande utilité.

(1) Le meilleur moyen pour élever les petits sans avoir besoin d'œufs de fourmi ou de pâtée, c'est de les conduire aux champs manger comme des petits moutons ; et c'est la méthode que nous venons de retrouver dans nos notes.

DE

L'INCUBATION ARTIFICIELLE

Par A. LEROY

⸻⸻⸻

I

« Il n'y a rien de nouveau sous le soleil, » dit le Sage, aussi l'incubation artificielle n'est pas une nouveauté. Dès la plus haute antiquité, les Égyptiens connaissaient l'art de faire éclore les poulets sans faire couver les œufs par des poules. Ce peuple sage, qui avait trouvé tous les moyens de rendre la vie facile et commode parce qu'il ne les avait cherchés que dans l'agriculture, possédait une foule de ces notions précieuses que nous sommes encore loin de posséder. C'est que là tout se faisait par l'observation directe et selon les harmonieuses lois de la nature.

Il n'est personne à qui il soit besoin de rappeler comment les femelles des oiseaux couvent généralement leurs œufs. On sait aussi qu'il y a des oiseaux, les poules par exemple, qui couvent non-seulement les œufs qu'ils n'ont pas pondus, mais encore ceux qui proviennent d'oiseaux d'une autre espèce. On sait encore que l'on peut forcer des dindons, des coqs, des chapons à couver et à conduire les poussins.

Ces particularités, en se révélant, ont dû naturellement donner à penser qu'il y aurait peut-être moyen d'obtenir des couvées indépendamment de l'intervention des oiseaux, puisque cette intervention était déjà démontrée insignifiante par rapport à l'espèce. On en fut convaincu lorsqu'on se prit à réfléchir que le soleil même pouvait jouer et jouait en effet ce rôle par rapport à certains œufs. Ainsi le crocodile, les tortues, les autruches enterrent leurs œufs dans le sable, et ce sont les rayons du soleil qui font éclore les petits dont ils ont développé les germes. L'exemple de l'autruche surtout paraissait concluant. On pouvait donc croire que, s'il en était ainsi par rapport à l'autruche, il n'était pas impossible de rendre le cas général par l'application de moyens artificiels.

Pour cela, on observa, ce qui était facile, que tout se réduit, de la part des couveuses, à maintenir les œufs à un certain degré de température et à les soustraire à l'influence de l'air. Et, prenant toujours pour point de départ l'exemple du crocodile et de l'autruche, on imagina d'abord, dit-on, de faire couver des œufs dans du fumier. Mais ce n'était là qu'une grossière imitation et qui ne pouvait guère donner de résultats bien satisfaisants. Je doute même que ce moyen ait été longtemps employé, si tant est qu'il l'ait été. Dans tous les cas , les expériences du célèbre physicien Réaumur ont prouvé qu'on ne peut obtenir ainsi quelques faibles résultats qu'en mettant les œufs à l'abri du contact du fumier : il s'exhale de cette matière des vapeurs qui, s'infiltrant dans l'intérieur de l'œuf, font.périr le poulet.

Quoiqu'il en soit, ce moyen n'était évidemment qu'une ébauche, on s'ingénia bientôt à inventer quelque chose de mieux , de plus parfait, de plus digne du but que l'on se proposait d'atteindre. On étudia donc les degrés de chaleur que la couveuse communique à ses œufs. Une fois fixé sur ce point déterminant, un grand pas fut fait et il ne resta plus qu'à s'éclairer des expériences de la pratique. Comme moyen d'application , on construisit des appareils dont la température fut élevée et maintenue à un certain degré au moyen de feux artificiels.

Les Égyptiens passent — et je crois que c'est avec raison — pour avoir construit les premiers des fours dans lesquels ils faisaient éclore des poulets. Mais nous n'avons malheureusement sur ces fours antiques aucune donnée scientifique certaine. Diodore (1) parle bien de cette industrie des Égyptiens, et Pline (2) fait aussi mention de fours à couver qui

(1) Livre I, p. 67.

(2) Livre X , chap. LIV.

existaient de son temps, mais ni l'un ni l'autre ne donne sur la construction et sur la direction de ces fours aucun détail propre à satisfaire une juste curiosité, et le dernier ne dit pas même dans quel pays on voyait ceux dont il parle.

Tout se borne donc pour nous, à cet égard, aux relations des voyageurs modernes, qui tous attestent la vérité de ce fait que les Égyptiens mettent les œufs dans des fours auxquels ils savent donner un degré de chaleur qui se rapporte si bien à la chaleur naturelle des poules que les poulets qui en viennent sont aussi forts et bien portants que ceux qui sont couvés à la manière ordinaire. On peut voir dans les *Voyages* de Conseille le Bruyn ce que les différents voyageurs ont écrit sur ce sujet (1).

Quoiqu'il en soit, comme rien ne change dans l'immobile Orient, il est extrêmement probable que les fours à éclosion dont se servent les Égyptiens d'aujourd'hui ne diffèrent pas essentiellement de ceux où l'on faisait éclore des poulets et des pigeons pour la table de Sésostris le Grand. S'il en est ainsi, voici de quoi nous consoler en partie du silence des anciens ; et l'on aura, ce me semble, une idée assez exacte de l'ensemble des pratiques usitées lorsqu'on aura lu ce qui va suivre.

II

Disons d'abord que les Égyptiens appellent *ma'mals*

(1) Tome II, p. 64.

el-katakt ou *ma'mals el-frarroug* les établissements dans lesquels ils font éclore des poulets au moyen d'une chaleur artificielle.

Le plan d'un *ma'mal* est un carré long divisé en deux parties par un corridor, de chaque côté duquel est une rangée de petites cellules dont le nombre total varie depuis quatre jusqu'à vingt-quatre et même trente.

Chaque cellule a environ 3 mètres de long, autant de haut, sur 2 mètres et demi de large. Un plancher recouvert de briques divise chacune de ces petites pièces en deux capacités, l'une supérieure, l'autre inférieure.

L'étage inférieur est le *couvoir* proprement dit, car c'est sur son plancher qu'on étale les œufs qui doivent produire des poulets.

L'étage supérieur, couvert d'une voûte en briques, sert de *four* ou *chauffoir*. Le plancher qui sépare ce dernier du *couvoir* est percé vers son milieu d'une trappe assez grande pour qu'un homme puisse passer au travers.

Les deux chambrettes ont chacune une porte qui ouvre sur le corridor. Des ouvertures pratiquées dans les cloisons latérales font communiquer ensemble tous les fours d'une même file. Enfin, la voûte de chaque four est percée d'une petite ouverture qu'on laisse ouverte et que l'on ferme à volonté, et par laquelle s'échappe la fumée qui se dégage du combustible. Le corridor est éclairé par des trous circulaires ménagés dans sa voûte.

Avant d'entrer dans le *ma'mal*, on trouve trois et quelquefois quatre chambres à la suite les unes des autres. Dans la première logent les ouvriers chargés de la conduite des couvoirs ; dans la suivante on convertit en braise le combustible appelé *gelleh*. Ce sont ordinairement des mottes de paille hachée, pétrie avec de la fiente de chameau. La troisième chambre est une sorte d'étuve dans laquelle on dépose les poulets quelques heures après qu'il sont éclos.

On établit les *ma'mals* dans des masures, ou bien on les adosse à des monticules de sable, ce qui a fait croire à quelques voyageurs qu'ils étaient à demi-enterrés. Les matériaux qu'on emploie dans leur construction sont la brique cuite ou simplement séchée au soleil.

Les fours à poussins ne donnent des produits, en Égypte, que pendant trois mois de l'année. La température de l'hiver et les chaleurs excessives qui règnent en été dans ce pays nuisent au succès de l'opération. Dans le Saïd (Thébaïde), on met les fours en activité au commencement de février ; au Caire et dans le Delta (basse Égypte), on les allume un mois plus tard.

Quand le moment favorable pour commencer les éclosions est arrivé, le propriétaire d'un four prend à son service deux ou trois de ces hommes qui font profession de conduire des couvées. Ces individus forment, en Égypte, une sorte de classe à part, ayant leurs règlements, leurs secrets, etc., qu'ils ne communiquent qu'à leurs enfants et à leurs parents. Ils ont acquis par la pratique un tact si sûr et si délicat qu'ils conduisent un *ma'mal* sans le secours d'un thermomètre, saisissant avec une précision admirable le moment où il convient de renouveler le combustible, d'activer, de ralentir le feu, d'ouvrir ou de fermer les ouvertures des fours, de retourner les œufs, etc.

Le moment de commencer l'opération étant arrivé, pendant que les uns réparent les bâtiments, les autres reçoivent les œufs qu'on apporte des villages voisins, inscrivent les noms des propriétaires, et s'engagent à remettre soixante poussins environ pour chaque cent d'œufs qui leur sont confiés.

On a reconnu par expérience qu'il y avait de l'avantage à ne charger d'abord que la moitié des fours, c'est-à-dire que, s'il y a douze couvoirs dans un *ma'mal*, on met des œufs dans le premier, le troisième, le cinquième, le septième, le neuvième et le onzième, et l'on écrit sur chaque four la date du jour où il a reçu les œufs.

Le plancher du couvoir est recouvert de nattes de paille ou d'étoupe. Les œufs sont distribués en trois rangs ou trois étages superposés : chaque couvoir en contient de quatre à cinq mille. On laisse sur le milieu du plancher un espace vide sur lequel les ouvriers posent les pieds quand ils entrent dans le couvoir.

Sur le plancher du four ou l'étage supérieur, on pratique des cavités tout autour de la trappe dont les bords sont relevés, cavités dans lesquelles on place la braise destinée à échauffer le couvoir. Les précautions sont prises pour que les cendres ne tombent pas sur les œufs.

Ces derniers sont triés avec soin. On rejette tous ceux qui n'ont pas été fécondés ou qui commencent à se gâter. Le huitième jour après qu'ils ont éprouvé la chaleur du couvoir, ils sont examinés un à un dans un lieu obscur à la clarté d'une lampe. C'est le triage définitif.

Quand les couvoirs sont garnis d'œufs, on met de la braise dans les fours, on en ferme les portes ainsi que celle du couvoir. Un moment après, on bouche aussi la petite cheminée par où s'échappent les vapeurs produites par le combustible. Celui-ci est renouvelé, toujours avec les mêmes précautions, quatre ou cinq fois en vingt-quatre heures. Deux ou trois fois par jour, on retourne les œufs, on les change de place, mettant dessus ceux qui étaient dessous, etc.

Le dixième jour, on distribue les œufs dans les couvoirs vides : cette opération doit se faire en moins de trois heures. Cela fait, on allume du feu dans les fours de ces couvoirs, et l'on cesse en même temps d'en faire dans les fours de la première série, sur le pavé desquels on distribue une partie des œufs qui sont déjà à demi-couvés. Par ce moyen, on a plus de facilité pour les retourner, les transporter d'une place à l'autre, etc.

A partir du dixième jour, les feux qu'on entretient dans les fours de la deuxième série échauffent tout

l'établissement, dont voici la température constante,
à peu de chose près :

	Degr. Réaum.	Degr. centigr.
Extérieur......................	24	30
Chambres avancées.............	24	30
Corridor...........	26	32,5
Couvoirs pend. les dix prem. jours.	32	40,5
Pendant les dix derniers jours, cou-		
voirs de la première série.....	30,5	39,5

Le vingtième jour, des poussins commencent à
éclore ; mais c'est ordinairement le vingt et unième
que la foule brise les prisons qui la retenaient captive,
et c'est une chose vraiment divertissante que de voir
éclore tous ces petits poulets, dont les uns ne mon-
trent que la tête, les autres sortent de la moitié du
corps, les autres tout à fait, et qui, tous ensemble,
dès qu'ils sont sortis, courent au travers de ces œufs.
On laisse encore dans les couvoirs, pendant deux ou
trois jours, les œufs qui n'ont pas donné de produits,
afin que les poulets tardifs aient le temps de prendre
tout leur accroissement.

Les poussins bien portant sont mis dans la chambre
qui leur est destinée et dont nous avons parlé plus
haut ; ceux qui sont faibles, dans le corridor. On
nourrit d'abord ces petits animaux de farine et de
pain émietté.

Les œufs improductifs sont ordinairement le
sixième du nombre total. Rarement la perte s'élève
plus haut, et jamais il n'y a de couvée qui manque
entièrement.

4.

Un jour après que les poussins sont éclos, les propriétaires des œufs se présentent à l'établissement pour recevoir ceux qui leur reviennent, suivant les conventions arrêtées précédemment. Des marchands se présentent aussi pour acheter ceux du propriétaire du four, qui les vend au cent. Au commencement de ce siècle, on les payait *80 medius* (un peu moins de 3 fr.).

Les poussins étant distribués, les couvoirs reçoivent de nouveaux œufs; de sorte que, pendant trois mois consécutifs, on a tous les dix ou onze jours de nouveaux poulets.

Quand les poussins sont arrivés chez leurs propriétaires, des femmes sont chargées de les élever : elles en prennent chacune quatre cents au plus. Pendant le jour, ils sont conduits sur un terrain sec couvert de déblais. On les nourrit de blé et de millet concassés : de l'eau pure forme leur boisson. Ils passent la nuit dans l'intérieur des maisons, sous de petites grottes en terre qui les mettent à l'abri des influences de l'air et des animaux qui pourraient les détruire.

Cette espèce d'éducation dure vingt-cinq ou trente jours. A partir de là, les poussins vont chercher leur nourriture pêle-mêle avec les poules.

Les poulets égyptiens, moins gras et plus petits que les nôtres, ce qui vient probablement de la sécheresse et de la chaleur excessive du climat, sont de fort bon goût. Les habitants du pays, qui n'ont pas adopté l'usage de chaponner les jeunes coqs, en mangent la chair avec délices.

Suivant quelques voyageurs, les *ma'mals* égyptiens produisaient autrefois cent millions de poulets par an. Les auteurs du grand ouvrage sur l'Égypte assurent que de leur temps (1800) il n'y avait, dans tout le pays, que deux cents établissements produisant trente millions de poulets par an, ce qui est déjà bien joli.

Les Chinois ont trouvé le secret de faire éclore les poussins artificiellement; mais comme leurs procédés ne sont pas bien connus, nous n'en dirons rien ici. Passons donc tout de suite aux tentatives que les Européens ont faites depuis les croisades jusqu'à nos jours pour atteindre le même but, et aux succès qu'on a obtenus dans les dernières années et sur lesquels on peut désormais compter en France.

III

On conçoit qu'une profession lucrative qui n'exige que de faibles avances et ne demande que des soins, assidus il est vrai, mais peu fatigants, ait tenté bien des personnes. Mais, disons-le tout d'abord, il nous semble démontré par la nature elle-même qu'on ne pourrait guère essayer d'imiter les fours d'éclosion d'Égypte que dans quelques parties des pays les plus méridionaux de l'Europe; hors de là, les chances de succès seraient nulles. Cependant l'art de faire couver des œufs artificiellement était connu en Europe dans le moyen-âge. André de la Vigne, secrétaire d'Anne de Bretagne, reine de France, ayant accompagné Charles VIII dans son expédition de Naples (1494), fit la relation de son voyage en prose mêlée de vers, dans laquelle il dit de la ménagerie royale (de Naples) :

> Aussi y a un four à œufs couver,
> Dont l'on pourrait sans géline (poule) eslever
> Mille poussins qui aurait affaire,
> Voire dix mil qui en voudrait tant faire.

Un duc de Florence fit venir d'Égypte un conducteur de couvées ; on dit que cet homme obtint de bons résultats. François Ier fit faire des tentatives dans le même but qui, dit-on, eurent des succès ; et néanmoins cette industrie fut abandonnée. Vers la fin du XVIe siècle, elle devait être déjà complétement tombée dans l'oubli, car je possède un manuscrit de cette époque provenant de l'abbaye de Saint-Vaast d'Arras, où, parmi plusieurs autres considérations économiques dont la profondeur m'a plus d'une fois étonné, le moine écrivain déplore la perte de cet art qui, dit-il, aurait pu ouvrir à notre patrie une source féconde de bien-être et de prospérité commerciale. Il parle aussi d'essais qu'il avait tentés personnellement pour faire couver des œufs dans du fumier ; mais il déclare que, malgré toutes ses précautions, il n'avait obtenu que des résultats presque nuls souvent, médiocres toujours. Les querelles religieuses qui survinrent alors et les guerres sanglantes qui en furent les conséquences durent naturellement faire perdre complétement de vue la question qui nous occupe. Le siècle de Louis XIV lui-même, qui s'occupa de tant de choses, n'eut pas une pensée pour celle-ci. C'est que si ce siècle fut vraiment grand pour les lettres et pour ce qu'on est convenu d'appeler la gloire des armes, il fut excessivement petit pour tout ce qui touche aux faits économiques, c'est-à-dire aux biens réels de la vie. Aussi une misère profonde, une misère à nulle autre pareille marqua-t-elle parmi les classes laborieuses le passage du grand roi. Cependant, vers 1720, sous la régence du duc d'Orléans, un homme auquel les sciences utiles doivent d'importantes découvertes, le célèbre physicien Réaumur, dont le génie observateur a donné une si vive impulsion aux connaissances usuelles, entreprit de faire jouir la France des procédés que les Égyptiens emploient pour faire éclore des poulets artificiellement. M. Lemaire, consul de France au Caire, reçut ordre de prendre connaissance de la méthode des Égyptiens. Le consul s'acquitta soigneusement de sa commission. Il envoya un mémoire rédigé par le savant missionnaire Sicard, jésuite, qui contenait toutes les instructions désirables. Le consul offrit de plus d'envoyer en France un de ces hommes dont la profession est de conduire des *ma'mals* ; mais le régent étant mort, ce projet n'eut pas de suite.

Toutefois, Réaumur, ayant lu dans plusieurs auteurs qu'il est possible de faire éclore des poulets par la chaleur du fumier, essaya de ce moyen. On dit qu'il obtint des résultats satisfaisants — j'en doute — après environ un an d'expériences répétées sans interruption. Ce fut en 1747 qu'il lut à l'Académie des sciences un mémoire contenant les succès qu'il avait obtenus. Deux ans après, il lui vint l'idée d'utiliser les fours des boulangers, des pâtissiers, etc. Enfin parut en deux volumes le recueil de toutes les méthodes que cet habile expérimentateur avait découvertes (1). Il y prévenait que s'il avait eu le bonheur de voir éclore des poulets dans ses appareils, c'est qu'ils provenaient d'œufs abandonnés ayant déjà subi un commencement d'incubation naturelle. Toutefois, cette apparence de succès fit éclater un enthousiasme aussi vif que prématuré. L'ouvrage eut deux éditions successives ; il fut traduit en plusieurs langues, et de toutes parts on cria que le secret gardé avec tant de jalousie par les initiés égyptiens était enfin découvert! De nombreux imitateurs ten-

(1) *Art de faire éclore et d'élever en toute saison des oiseaux domestiques de toutes espèces, soit par le moyen de la chaleur du fumier, soit par le moyen de celle du feu ordinaire.* Paris, 1749. 2 vol. in-12 ornés de 15 pl. grav. sur cuivre. — 2e édit., Paris, 1751. 2 vol. in-12 ornés de 16 pl. — En la même année 1751, M. de Réaumur fit paraître un petit volume de 144 p., accompagné de 4 pl., ayant pour titre : *Pratique de l'art de faire éclore*, etc., qui n'est qu'un extrait de son ouvrage en 2 vol. et non un supplément, comme on le dit généralement. Les pl. 1, 2 et 4 sont la reproduction, mais avec corrections, des pl. 6, 7 et 8 de la 2e édit. de l'ouvrage en 2 vol. La pl. 3 est inédite.

(Note de l'éditeur.)

tèrent les expériences en grand. La volaille, disait-
on, allait remplacer la viande de boucherie, et le
vœu de Henri IV se trouvait réalisé! Que de rêves
brillants, que de songes dorés, que de châteaux en
Espagne ne bâtit-on pas à ce sujet! Mais, hélas! après
avoir sacrifié des milliers d'œufs sans résultats utiles
pour la pratique, on fut forcé de recourir de nouveau
à la poule ou à la dinde patiente pour repeupler nos
basses-cours épuisées.

Les choses en restèrent là, et pendant trente ans
l'art égyptien fut à peu près délaissé. On en parlait
encore, mais avec un profond découragement. Cependant l'abbé Copineau entreprit de perfectionner
les méthodes de Réaumur. Il n'obtint que des succès
incomplets, comme il l'avoue lui-même dans un ouvrage fort bien fait qu'il publia en 1780 sur cette matière (1).

D'où venait donc le peu de succès de la science?
C'est qu'on ne demandait la solution du problème
qu'à la chaleur. Or, si vous ne communiquez que de
la chaleur, la coquille des œufs étant poreuse, il arrive que les fluides qu'elle renferme s'évaporent assez

---

(1) *Ornithotrophie artificielle, ou art de faire éclore et d'é-
lever la volaille par le moyen d'une chaleur artificielle.*
Paris, 1780. 1 vol. in-12 accompagné de 4 pl. gravées sur cuivre.
Le même ouvrage a été réimprimé en 1795 sous le titre de :
*l'Homme rival de la nature, ou l'art de donner l'existence
aux oiseaux, et principalement à la volaille, par le moyen
d'une chaleur artificielle.* 1 vol. in-8º avec les 4 pl. de l'ouvrage
ci-dessus. *(Note de l'éditeur.)*

rapidement par l'effet de cette chaleur pour que le poulet soit tout à fait desséché avant d'être entièrement formé. L'humidité qui empêche les poils si fins et la peau si délicate d'adhérer à la membrane intérieure manque absolument, et dès lors le petit oiseau ne peut ni se retourner dans sa croise, ni percer l'enveloppe, ni briser la coquille. Il faut donc qu'il meure. Et voilà pourquoi toute tentative qui n'aura d'autre base que la chaleur doit à jamais demeurer infructueuse.

Voici comment les choses se passent dans la nature.

Le poulet, pressé par le besoin de respirer, frappe à coups redoublés contre un point des parois de sa prison. La membrane flexible cède ordinairement à ses efforts, et il commence alors par épuiser l'air que renferme cette portion vide de la coquille où son bec tend toujours à pénétrer. C'est à ce moment qu'il fait entendre les premiers cris auxquels la mère répond de sa voix la plus douce.

Fortifié par l'absorption de cet air, le petit oiseau recommence à frapper ; bientôt la croise se soulève et donne entrée à un air plus abondant. Dès ce moment, les veines de la membrane se vident et le sang vient donner une nouvelle force au poulet. Le jaune, qui était encore en partie hors de son corps et que l'on apercevait distinctement à travers le placenta, se retire dans l'intérieur du ventre. Enfin, après un repos dont la durée varie suivant des circonstances que j'ignore, le petit être recommence ses tentatives, achève de briser circulairement sa coquille, et, par des efforts redoublés, s'en débarrasse entièrement, et il sort tout baigné de sueur.

Maintenant si l'on compare ce qui se passe lorsque les œufs n'ont pas subi l'incubation naturelle, mais une incubation artificielle au moyen d'une chaleur sèche, on reconnaîtra que ce liquide onctueux, qui permet au petit oiseau de se mouvoir dans son étroite prison, fait entièrement défaut, que ses poils et sa peau adhèrent à la membrane, et que, par conséquent, ses moindres mouvements le déchirant de toutes parts doivent infailliblement déterminer la mort avant qu'il ait pu percer l'enveloppe et briser la coquille.

J'ai moi-même observé le fait plus d'une fois. Comment est-il prévenu dans l'incubation naturelle? J'ai voulu le savoir, et j'ai pris des croises d'œufs sous une poule dont les petits venaient d'éclore, et d'autres que je détachai des cadavres de quelques poulets venus à terme dans des couvoirs où ils avaient été soumis à une chaleur sèche. Cette comparaison me fit connaître que les œufs des premiers étaient comme recouverts d'un vernis gras produit par le contact des plumes et du corps de la mère, tandis que les autres en étaient entièrement privés. L'analyse m'apprit, en effet, qu'un corps gras avait entièrement pénétré la coquille et lui communiquait cette couleur plombée et ce luisant qui distinguent les œufs couvés par la mère. Et voilà pourquoi nous avons vu les œufs ayant subi un commencement d'incubation naturelle achever heureusement leur éclosion dans des couvoirs même très-imparfaits ; car il suffit qu'ils aient absorbé assez de matière onctueuse pour prévenir la déperdition du liquide dont j'ai parlé plus haut. Il y a ici, à mon avis, un grand sujet d'observation, et j'ose croire que le secret des Égyptiens est là, tout entier là. Ne serait-il pas possible de faire préalablement absorber aux œufs assez d'une matière onctueuse pour prévenir la déperdition du liquide si nécessaire aux mouvements du petit poulet ? Ne suffirait-il pas, pour trouver cette matière, d'analyser celle qui s'échappe dans un temps donné du corps et des plumes de la mère, et de chercher une composition analogue dans la nature ? Je prie instamment les chimistes de fixer leur attention sur cette importante question. En attendant, il n'y a évidemment qu'un moyen d'en tenir lieu : la chaleur humide jointe à une circulation de l'air. Voyons donc si, et comment, ce moyen a été réalisé.

IV

Au commencement de ce siècle, une tentative remarquable eut lieu. C'est celle du savant et modeste Bonnemain (1). Pour obtenir la chaleur égale et conti-

(1) Ce savant a publié en 1816 une brochure de 32 p. in-8° dans laquelle il a consigné le résultat de ses recherches ; elle a pour titre : *Observations sur l'art de faire éclore et d'élever la volaille sans le secours des poules, ou examen des causes qui ont pu empêcher de donner suite aux diverses tentatives qui*

nue nécessaire à l'éclosion artificielle, Bonnemain a inventé le thermosyphon, appareil de chauffage par la circulation de l'eau bouillante appliqué à peu près exclusivement à la production de la chaleur artificielle dans les serres en France, aussi bien qu'en Belgique et dans la Grande-Bretagne. La couveuse artificielle de Bonnemain l'emportait de beaucoup, par cette seule innovation, sur les couveuses proposées avant lui. Lorsqu'il fut mort de misère, parfaitement oublié dans un coin d'hôpital, son idée fut reprise, comme il arrive presque toujours, sans que son nom fût prononcé. M. Darcet se posa devant le public, sinon comme le véritable inventeur, du moins comme ayant porté l'art à sa dernière perfection. Or, son système n'était autre qu'une imitation imparfaite de celui de Bonnemain. Rendons à César ce qui est à César. Néanmoins, M. Darcet trouva des prôneurs au détriment de Bonnemain. On signale particulièrement de lui deux expériences qu'il fit personnellement, dont l'une à Chaudes–Aigues (Cantal).

On sait qu'il existe dans cette petite ville des sources d'eaux thermales dont la température est d'environ 75 degrés centigrades. Les habitants de la ville font couler ces eaux sous les dalles qui forment

ont été faites en Europe pour imiter les Égyptiens dans l'art de faire éclore et d'élever les oiseaux domestiques de toute espèce, par le moyen d'une chaleur artificielle, suivi des procédés qu'il faudrait employer pour amener cet art à sa perfection. (Note de l'éditeur.)

le pavé de leurs maisons, et obtiennent ainsi des étuves, des cabinets de bains dont la température plus ou moins élevée ne coûte rien.

M. Darcet fit donc, au mois de juillet 1827, le voyage de la haute Auverge tout exprès pour enseigner à M. Felgères, propriétaire à Chaudes-Aigues de plusieurs sources thermales, l'art de faire éclore artificiellement des poulets dans une étuve. On prit un panier contenant de la paille sur laquelle on plaça quelques œufs, on suspendit le tout dans un cabinet dont la température était d'environ 40 degrés centigrades, et pour que la vapeur d'eau fût répandue dans ce local, on écorna une des dalles de son pavé, on ferma les ouvertures, et le vingtième jour on eut des poulets.

L'autre expérience de M. Darcet, la voici : Ayant de l'eau chaude à sa disposition, il se procura une grosse bouteille de grès, en cassa le goulot, mit de la paille au fond et des œufs sur celle-ci; le tout fut placé dans une cuve pleine d'eau chaude qui se renouvelait et dont la température (40 degrés) était invariable. La bouteille était couverte d'un bout de planche portant un thermomètre dont la boule pendait au-dessus des œufs. Comme l'ouverture du vase était dentelée, il s'introduisait assez de vapeur d'eau dans l'intérieur de l'appareil pour imiter l'expérience de Chaudes-Aigues. Mais rien ne dit que M. Darcet ait réussi. D'ailleurs, il est visible que ces expériences laissaient beaucoup à désirer. Quiconque a observé comment les choses se font dans la nature, celui-là sait très-bien, en effet, que la couveuse ne communique pas à *tous* ses œufs *à la fois* une température *toujours égale* depuis le premier jour d'incubation jusqu'au dernier. Or, c'est là un des nœuds décisifs du problème. L'air, en outre, fait entièrement défaut dans ces appareils, et sans air il est impossible que le poulet se forme et se développe convenablement. Enfin, une vapeur continuelle doit évidemment nuire et provoquer l'étouffement du poulet qui végète dans l'œuf. Aussi le système de M. Darcet ne prit pas racine. On eut beau dire que les expériences avaient parfaitement réussi, et que toujours on avait obtenu *autant de poulets qu'on avait mis d'œufs*, ceux qui en essayèrent n'eurent pas à s'en féliciter.

Le système de M. Darcet reconnu défectueux, on en chercha d'autres, et bientôt éclata, comme un coup de théâtre, l'invention d'un couvoir artificiel chauffé au moyen d'une lampe dont la flamme, maintenue toujours à la même hauteur, donnait cette chaleur égale si difficile à obtenir. Cette invention fit grand bruit. Pendant longtemps on ne parla que d'incubation artificielle, et, à vrai dire, les expériences publiques qui eurent lieu à cette occasion étaient de nature à lever tous les doutes. Des poulets sortaient de leur coquille à la vue des personnes assez favorisées pour assister à ce spectacle intéressant ; le fait était irrécusable.

Pourquoi donc a-t-on laissé dormir ce procédé ingénieux pendant longues années ? Pourquoi les nombreux couvoirs répandus partout ont-ils bientôt été relégués parmi les meubles inutiles, et l'invention traitée d'un autre nom?...

J'ai questionné à ce sujet des personnes qui avaient fait usage de ces appareils. Or, toutes m'ont dit n'avoir obtenu ainsi de bons résultats qu'en faisant couver des œufs qui avaient subi précédemment quelques jours l'incubation naturelle, c'est-à-dire de la mère; mais que les œufs fraîchement pondus ou conservés hors du nid maternel, que l'on plaçait ensuite dans le couvoir sans avoir été soumis à l'influence que pouvait exercer le contact d'un oiseau vivant, ne parvenaient jamais à bien. Le germe reçoit, il est vrai, disaient-elles, son entier développement; le poulet se forme exactement comme dans les circonstances les plus favorables; mais arrivé au moment de briser sa coquille, le poulet meurt sans en avoir eu la force ou la possibilité.

Ah! c'est qu'on ne tenait de nouveau compte ici que de la chaleur, tandis qu'à la chaleur il faut joindre l'air et l'humidité. Si l'on avait mieux étudié la nature, on eût compris cela sans peine. C'est toujours par là qu'il faut commencer, c'est toujours par là qu'on ne commence point, et voilà pourquoi tant de découvertes, qui pourraient avoir les plus larges comme les plus heureuses conséquences, demeurent souvent à l'état d'enfance, impraticables et sans fruit.

Si vous observez une poule qui couve, vous demeurez bientôt convaincu que l'air joue un grand rôle dans l'incubation. C'est ainsi que lorsqu'une couveuse ne veut jamais quitter ses œufs, le praticien éclairé vous dira qu'il faut, pour lui donner à manger, l'enlever de dessus son nid, afin qu'une portion d'air puisse pénétrer dans l'intérieur des œufs. Quand un œuf est couvé, l'expansion de sa substance intérieure chasse une partie de l'air qu'il contenait dans son état primitif. Si l'œuf vient à se refroidir, ce qui a lieu nécessairement quand la poule quitte son nid, la substance intérieure se contracte autant qu'elle s'était dilatée ; une portion d'air y rentre en remplacement de celui qui en a été expulsé. L'air qui pénètre ainsi dans l'œuf doit être propre à maintenir la vie animale : de là la nécessité de maintenir l'air qui environne la poule couveuse dans le plus grand état possible de pureté en lavant et nettoyant fréquemment le poulailler. Ce n'est pas tout : en principe, l'œuf d'un oiseau quelconque, placé sous le corps de la mère pendant l'incubation, n'est chauffé qu'en raison de la position qu'il occupe ; la partie qui touche au ventre de la mère pendant l'incubation naturelle est celle qui reçoit à un moment donné le plus de chaleur. La présence du corps de la mère sur les œufs prévient jusqu'à un certain point l'évaporation du liquide de l'œuf, sans le priver tout à fait de l'air indispensable à la formation du jeune oiseau.

Ces faits principaux étant parfaitement constatés, on voit clairement quels sont les principes desquels ne doit pas s'écarter celui qui cherche à imiter avec succès la nature dans l'organisation d'un système d'éclosion artificielle. — Sans doute, il peut chauffer en même temps tous les œufs à un degré égal, mais à une condition, celle de faire varier ce degré à des époques déterminées, de donner de l'air aux œufs surtout à des époques également déterminées, et de les remuer comme le fait la mère dans son nid. Le premier point observé, il reste à s'occuper de la recherche des moyens à employer pour empêcher le dessèchement intérieur de l'œuf, et cela sans aucun enduit de nature à boucher complètement les pores de la coque de l'œuf en excluant tout à fait l'air extérieur, ce qui s'opposerait au développement du germe et à la naissance de l'oiseau.

Mais en tenant compte de ces principes, le constructeur d'appareils d'éclosion artificielle doit encore s'occuper de la question des frais. Cette question peut être négligée sans inconvénient soit par les riches amateurs de l'histoire naturelle, soit dans les grands établissements publics consacrés à l'étude de cette science. C'est ainsi qu'au Muséum d'histoire naturelle de Paris un appareil fort ingénieux est employé pendant une partie de l'année à obtenir l'éclosion artificielle des œufs de toutes sortes d'oiseaux, soit ceux des oiseaux qu'on entretient à la ménagerie et qui ne peuvent couver avec succès sous le climat de Paris, soit ceux des oiseaux exotiques expédiés à cet établissement de tous les points des deux mondes. On comprend que, pourvu qu'on fasse éclore ces œufs souvent d'une grande valeur, les frais sont une considération tout à fait secondaire. Mais le problème

change entièrement de face et la question se présente sous un aspect tout à fait différent quand il
s'agit de faire naître des volailles et de les élever
pour les vendre au marché *avec bénéfice.* Dans ce cas,
le côté économique du problème devient prépondé-
rant, et c'est en lui que réside la principale difficulté.

Ainsi, pour nous, et nous croyons que tout le
monde pensera de même, tout se réduit dans cet
art à trois points principaux, savoir : 1º Donner aux
œufs le degré de chaleur, l'aération et le mouvement
les plus conformes à la triple influence à laquelle ils
sont soumis sous ce rapport dans l'incubation naturelle ; 2º prévenir autant que possible l'évaporation
du liquide de l'œuf; 3º enfin, ramener les appareils
à un prix tel qu'il soit accessible à tous et que l'éclosion artificielle puisse offrir des bénéfices.

<h1 style="text-align:center">V</h1>

Les conditions que nous venons de poser ont-elles
été remplies? Nous n'osions l'affirmer encore il y a
peu de temps. Nous avions bien vu des appareils plus
ou moins ingénieux, plus ou moins conformes au but
à atteindre, mais tous nous laissaient des doutes,
tous nous laissaient à désirer, et, ma foi, nous en
étions encore à nous demander si l'art égyptien nous
était décidément fermé pour toujours? Cependant
nous avions entendu parler des appareils de M. Carbonnier, qui, nous disait-on, obtenait des résultats

5.

vraiment étonnants. Mais, le dirons-nous? nous étions tellement prévenu que, sans même nous imposer la loi de l'examen préalable, nous nous étions déjà prononcé pour la négative *quand même*. Le hasard est venu nous apprendre une fois de plus que celui-là se trompe qui doute du progrès, et qu'à cet égard la négation absolue est un attentat à la raison aussi bien qu'aux droits de l'homme. Nous avons eu occasion de voir les appareils de cet habile constructeur, et telle a été notre première impression que nous nous sommes mis à les étudier sérieusement. Or, le résultat de notre étude est, en conscience, que le génie observateur de **M.** Carbonnier **a** résolu le problème autant qu'il peut l'être dans l'état actuel; car, en fait de science, il faut toujours poser cette réserve, puisque, en vertu des lois du progrès qui forcément marche et ne s'arrête point, une amélioration, quelque importante et décisive qu'elle paraisse, en amène toujours une autre. Donc, à notre avis, M. Carbonnier est celui qui, d'après nos observations personnelles, nous paraît avoir donné la solution la plus satisfaisante aux questions que nous nous sommes posées plus haut. C'est que M. Carbonnier l'a été chercher, cette solution, non pas dans ce qu'avait dit tel ou tel savant, mais dans la nature même ; et, en effet, ses appareils permettent d'imiter la nature de point en point. il y en a de toute dimension. Les grands modèles sont munis d'un régulateur fonctionnant seul, qui permet d'avoir toujours une chaleur régulière. Les plus petits sont formés d'une

boîte en zinc, chauffée à l'eau chaude et maintenue
à la même température au moyen d'une lampe; un
thermomètre et des courants d'air permettent de la
gouverner avec une grande facilité. Les modèles

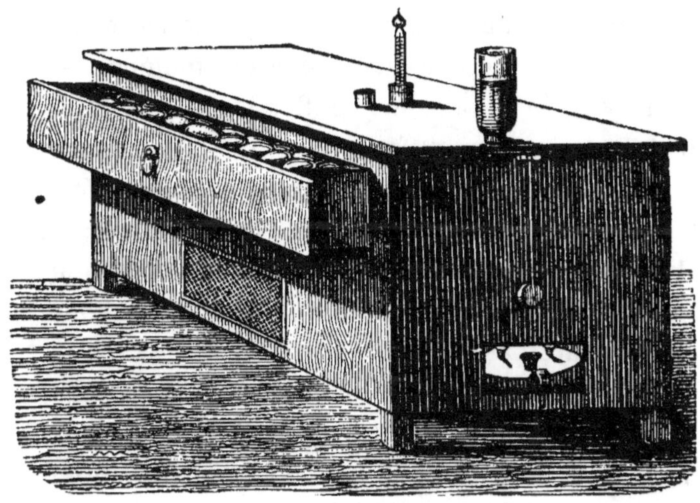

Fig. 10. — Incubateur Carbonnier.

couvant deux cents œufs sont formés d'une boîte en
bois de 70 centimètres de long., 48 de large et 50 de
haut; ils sont chauffés intérieurement au moyen
d'un thermosyphon fonctionnant par une lampe à
l'huile brûlant quinze heures à la même intensité;
un régulateur métallique fonctionnant seul maintient
la température au degré voulu avec une grande précision. La partie inférieure de l'appareil sert à par-
quer les jeunes éclos, et leur tient lieu de mère artificielle pendant les premiers jours. Enfin les modèles
couvant mille œufs sont construits tout en métal;
leur longueur est de 1 mètre 30 sur 55 millimètres

de large et 90 de haut; une circulation d'eau chaude parcourant l'intérieur supporte huit tiroirs destinés à recevoir les œufs; ils sont chauffés au charbon de bois; un régulateur fonctionnant seul arrête la combustion du feu quand la chaleur est trop élevée, et lui donne de la vivacité quand elle est moindre. Le couvoir sert également à chauffer les jeunes éclos. Dans tous les cas, les œufs se placent dans l'intérieur du couvoir, sur du foin, de la ouate ou bien mieux sur du sable. On peut voir dans l'établissement de M. Carbonnier, quai de la Mégisserie, à Paris, tous les jours, des œufs en éclosion; ses appareils fonctionnent toute l'année.

Or, il est visible par ce que nous venons de dire que ces divers appareils permettent d'imiter parfaitement la nature quant au degré de chaleur à communiquer aux œufs. Il ne reste donc plus sous ce rapport qu'à bien connaître l'intensité de la chaleur produite par la poule qui couve. L'expérience a démontré que cette intensité est de 32 degrés Réaumur; il est donc essentiel de soumettre les œufs que l'on veut faire éclore artificiellement à un degré de chaleur analogue. Mais, dit M. Carbonnier dans son *Instruction*, « si l'on observe une poule sur ses œufs les premiers jours qu'elle couve, il est facile de se convaincre, comme nous nous en somme rendu compte, qu'il n'y a que les œufs placés au centre de son nid, exposés à sa propre chaleur, c'est-à-dire à 32 degrés; ceux qui sont placés sur les bords ont au moins cinq degrés moindres, mais pendant peu de temps, car ceux du centre viennent les remplacer, et ces derniers vont à leur tour recevoir la chaleur qui leur est nécessaire ; c'est ce que fait la poule en les changeant continuellement de place. Nous avons estimé la température moyenne, pendant les premiers jours , à 29 degrés ; du quinzième jour d'incubation au vingt et unième jour, il n'en est plus ainsi ; tandis que les œufs du centre sont sous une température de 32 degrés ou 32 1|2, les œufs placés sur les côtés de la poule ont 31 degrés. L'embryon , étant dans un degré de développement très-avancé, possède une chaleur qui lui est propre et qui est assez marquée pour qu'il mette très-longtemps à se refroidir ; un œuf où l'embryon aura cessé de vivre, ou n'aura supporté qu'une incubation de quelques jours , se refroidira considérablement dans le même laps de temps. » C'est pourquoi M. Carbonnier conseille d'exposer les œufs à une température de 29 degrés Réaumur les cinq premiers jours, 30 degrés les cinq autres jours, 31 degrés les cinq suivants, et 32 degrés du quinzième au vingt et unième jour, époque de l'éclosion des œufs de poule (1). Il me semble que cette marche est rationnelle , et je crois M. Carbonnier lorsqu'il nous assure qu'elle lui a toujours réussi. Voilà donc un point capital parfaitement hors de question. En sera-t-il de même de l'aération ?

(1) L'on peut cependant , dit-il , s'écarter momentanément de quelques degrés de la marche que nous conseillons, sans que l'embryon en souffre ; mais il est préférable de maintenir la température inférieure à 32 degrés qu'au-dessus.

La disposition des appareils répond encore affirmativement à cette question. Ce sont des tiroirs qui s'ouvrent à volonté et qui, par conséquent, offrent toutes les facilités désirables pour remuer, retourner, retirer les œufs, les replacer, en un mot leur faire subir tous les mouvements que la poule elle-même est susceptible de leur donner dans son nid. M. Carbonnier conseille de retourner les œufs au moins une fois tous les deux ou trois jours, parce que, dit-il, la mère le fait ainsi et que, si on ne l'imite point sous ce rapport, on n'obtient que des poussins infirmes, effet inévitable de l'inaction dans laquelle ils se sont trouvés. « Ayant remarqué, continue-t-il, qu'une poule trop bonne couveuse, c'est-à-dire une poule qui ne quittait point ses œufs, les menait difficilement à terme, nous conseillons de les exposer à l'air libre pendant cinq minutes, matin et soir. La marche de la formation de l'embryon s'arrête pendant quelques instants, comme à l'état naturel, et l'air se renouvelle autour des œufs ; nous conseillons de les éventer de temps à autre avec une feuille de papier ou tout autre objet remplissant ce but; par ce moyen l'air vicié qui se serait formé autour des œufs sera chassé pour faire place à un air plus pur. Il faut également que dans le couvoir il y ait toujours une issue ouverte pour que l'air se renouvelle constamment. »

Dans tout ce que nous venons de voir, M. Carbonnier est donc parfaitement d'accord avec la nature, et dès lors ses appareils doivent nécessairement pro-

duire, comme ils produisent en effet, les plus par-
faits résultats. Reste à savoir comment M. Carbonnier s'y prend pour prévenir le dessèchement du liquide intérieur de l'œuf.

Mais lui-même va au-devant de cette question. En
effet, il n'a point lieu de la redouter. D'abord son
système est basé sur le chauffage à l'eau chaude,
c'est-à-dire sur la chaleur humide, avec cette différence que la vapeur ici n'enveloppe point les œufs,
ce que nous avons reconnu pernicieux, mais que
l'eau chaude leur communique cette chaleur douce,
analogue à celle de la mère. Or, cela étant ainsi, il
est visible que, si l'on y ajoute l'observance des conseils que donne M. Carbonnier, l'évaporation funeste
qu'il faut éviter est prévenue et partant la question
heureusement résolue. Or, voici ce que recommande
M. Carbonnier :

« L'on doit avoir, dit-il, pendant tout le temps de
l'incubation des éponges mouillées exposées dans le
couvoir, ou tout autre objet pouvant produire de
l'humidité. Si l'on a garni le fond d'une couche de
sable, il suffit de le mouiller un peu tous les deux
ou trois jours avec de l'eau chaude, pour ne pas produire un trop grand refroidissement dans l'appareil.
Plus l'on arrêtera l'évaporation des œufs par une
atmosphère humide et mieux constitués seront les
jeunes éclos. Des œufs pesés différentes fois et donnés
à couver à des poules ont donné pour résultat un
sixième de déperdition la veille de l'éclosion; plus
l'on se rapprochera de ce but et plus l'élevage des

poussins sera facile, étant bien plus forts et mieux constitués que ceux qui auraient supporté une chaleur trop sèche. » Cela est évident, car privé de ce liquide onctueux qui permet au petit oiseau de se mouvoir dans son étroite prison, le poulet ne parvient qu'à grand'peine à se retourner sur lui-même et, gêné ainsi dans son action vitale, il ne saurait se développer convenablement.

Les deux premières conditions sont donc remplies par les appareils de M. Carbonnier. En outre, et ceci est caractéristique, il a mis son système à la portée de tout le monde, en réduisant la science à sa plus simple expression, c'est-à-dire à son expression la plus naturelle. L'air agit dans ses appareils, l'air si indispensable à la formation et au développement du petit oiseau; une humidité bienfaisante vient y combattre les effets nuisibles d'une chaleur trop sèche, en même temps que leur disposition permet de remuer les œufs, de les sortir, de les replacer sans le moindre embarras, et de communiquer ainsi au poulet, qui se forme, le mouvement nécessaire à son développement, aussi bien que l'air pur qu'il réclame. Enfin ils régularisent la chaleur, avec une admirable facilité, de la manière la plus parfaite, la plus conforme à la chaleur naturelle de la mère, et doivent déterminer par là des effets semblables, par conséquent efficaces. Mais pouvons-nous adresser les mêmes félicitations à M. Carbonnier sous le rapport des *bénéfices à réaliser* ? Grave question à laquelle cet habile constructeur nous paraît encore répondre d'une manière victorieuse. Ses appareils sont très-économiquement alimentés et leur prix est loin d'être inaccessible. Ainsi les appareils pouvant couver quarante œufs ne coûtent que 40 fr. ; ceux couvant soixante œufs, 60 fr., ou 1 fr. l'œuf jusqu'à cent œufs ; ceux couvant deux cents œufs coûtent 100 fr., et ceux couvant mille œufs 200 fr. Les prix assurément sont bien raisonnables, surtout pour les grands modèles, et nous croyons qu'on peut ainsi réaliser des bénéfices qui ne sont pas à dédaigner, qui peuvent même devenir très-considérables par l'emploi en grand. Nous ne pouvons donc qu'engager fortement les cultivateurs, au nom de l'agriculture à laquelle nous sommes dévoué corps et âme et qui possédera toujours nos affections les plus chaleureuses, à se procurer ces appareils dont l'efficacité est si bien d'accord avec la théorie et proclamée par la pratique. Tous ceux qui en ont fait ou qui en font usage sont unanimes en effet à déclarer qu'on en obtient les résultats les plus satisfaisants. Mais, pour compléter notre travail, nous devons ajouter quelques conseils d'où dépend encore en partie le succès de cette industrie.

VI

Et, d'abord, nous ne saurions trop recommander aux personnes qui veulent pratiquer l'éclosion artificielle de s'assurer que les œufs qu'ils destinent à cet usage sont bons. Pour qu'un œuf donne un poulet, il est de toute nécessité qu'il ait été fécondé par le coq ; or , les poules pondent des œufs qui n'ont pas cette qualité ; de sorte que , si l'on expose des œufs de cette espèce à la chaleur d'un couvoir, ils se corrompent en pure perte. Mais comment distinguer les œufs germés de ceux qui ne le sont pas ? Si l'on ouvre un œuf fécondé, mais qui n'a pas encore été couvé, on découvre une cicatrice , à peu près de la grosseur d'un lentille, qui est placé sur le jaune. Au centre de cette cicatricule , on voit un cercle blanc, pareil à un petit mur, qui s'étend un peu vers le haut et paraît se joindre à de petites vessies qu'on y aperçoit. Au milieu de ce cercle , il y a une espèce de matière fluide, où l'on voit nager le germe du poulet. Eh bien ! si vous examinez préalablement les œufs à l'aide d'un mégascope (1) et au moyen d'une loupe , vous voyez tout cela , confusément sans doute, mais assez cependant pour reconnaître les œufs fécondés de ceux qui ne le sont pas. Si ce moyen d'observation vous manque absolument, assurez-vous du moins que tous les œufs sont en état parfait de conservation. A cet effet, dit M. Carbonnier,

(1) Le *mégascope* (μεγας, grand, σκοπεω, je vois) est une chambre obscure perfectionnée : pour faire l'expérience de ses effets, ajustez un verre lenticulaire au volet d'une chambre privée de lumière, puis en dehors et à quelque distance de ce verre, et sur le prolongement de son axe, placez le corps dont on voudra connaître la structure, la forme, etc.

Une toile blanche, tendue dans l'intérieur de la chambre et en face du verre lenticulaire, recevra l'image considérablement grossie de l'objet mis en expérience, lequel doit être fortement éclairé par les rayons solaires ou de toute autre manière.

nous rappellerons « que le germe contenu dans un œuf étant un principe de corruption , il ne conserve la faculté de pouvoir se développer que vingt-cinq à vingt-huit jours en été, et deux mois en hiver, placé dans des conditions favorables ». On sait, en effet, que dans l'incubation naturelle la température de l'atmosphère et le temps depuis lequel les œufs sont pondus influent sensiblement sur la durée de l'incubation. Si le temps est au froid , elle dure un jour de plus. Les œufs fraîchement pondus éclosent plus promptement que les œufs pondus depuis trois ou quatre semaines ; il est donc très-important que tous les œufs d'une même couvée aient été autant que possible pondus le même jour. « Un œuf transporté à de grandes distances , continue M. Carbonnier, perd ses facultés si ce transport s'effectue quelques jours après être pondu , et le liquide ne remplissant plus toutes les cavités de l'œuf, il se produit dans ce cas un ballottement qui brise quelques-unes des fibres qui font adhérer le germe après les autres parties de l'œuf. » Observons qu'à l'état de repos on peut conserver les œufs pendant très-longtemps. On sait assez que cela se pratique au moyen de l'eau de chaux ; mais l'expérience a appris que si à ce mélange on ajoute trente grains de sel par litre d'eau les œufs au bout d'un an sont aussi frais qu'au moment où ils furent pondus. Reste à savoir si cette combinaison n'influe pas d'une manière funeste sur le germe lui-même. Je crois donc que, somme toute, il vaut mieux s'en tenir aux conseils de M. Carbonnier. « Or, après cinq ou six jours d'incubation, dit-il, il est facile de voir, en mirant les œufs à la flamme d'une lumière « dans un lieu obscur, » ceux qui pourraient être douteux ; si vers le dixième jour ils n'offrent plus d'espoir, il est prudent de les sortir entièrement de l'appareil, car ils peuvent nuire par leur exhalaison à ceux avec lesquels ils seraient en contact. A cet effet, l'on pourra écrire du côté pointu de l'œuf un numéro sur tous ceux qui offriraient peu d'espoir. »

Ces conseils sont très-sages et basés sur une saine pratique, et nous ne pouvons trop engager à en tenir un compte sérieux. De là dépend le succès. Mais il en est d'autres encore sur lesquels je crois devoir appeler l'attention.

Les auteurs qui ont écrit sur l'élève de la volaille indiquent la manière de choisir les œufs qui doivent être couvés, sans établir aucune distinction entre les œufs produits par des poules robustes et en bon état, et les œufs provenant de poules chétives et misérables ; je ne puis trop blâmer un tel système. Quiconque se mêle de faire multiplier quelque race d'animaux que ce soit sait que dans toutes les races pures *les descendants sont semblables à leurs auteurs.* Il y a des exceptions à toutes les règles ; quant à l'axiome dont il est ici question, les déviations de la ligne droite sont rares. Par la méthode que j'ai adoptée de choisir pour la reproduction les poules les plus parfaites de chaque race et de les enfermer dans un enclos séparé avec un coq pour elles seules, puis de choisir les plus beaux œufs de ces poules, je réalise des avantages évidents, impossibles à obtenir lorsqu'on fait couver indistinctement les œufs de toutes les poules de basse-cour. Je donne la préférence aux œufs dont le volume est un peu au-dessus de la moyenne ordinaire ; j'ai toujours trouvé qu'ils donnent des poulets plus robustes ; tout œuf mal conformé doit être rejeté.

On doit à Columelle une découverte d'une grande importance pour les éleveurs de volailles ; elle permet de distinguer les œufs d'où doivent éclore des oiseaux mâles ou des oiseaux femelles ; il est en effet très-important pour celui qui spécule sur la production des œufs de ne pas faire naître des coqs dont il n'a que faire.

« Choisissez, dit Columelle, les œufs les plus ronds ; ils contiennent des poules ; ceux de forme allongée contiennent des coqs. La position de la cellule pleine d'air, au gros bout de l'œuf, est un indice certain de ce qu'il doit produire ; dans l'œuf *mâle*, cette cellule occupe juste le centre du gros bout ; si elle est un peu de côté, l'œuf doit produire un oiseau femelle. On reconnaît aisément la position de la cellule pleine d'air à l'intérieur de l'œuf en plaçant l'œuf entre l'œil et la lumière. »

Un autre point non moins important est celui de savoir le nombre de poules qu'on doit donner à un coq. S'il s'agit uniquement des œufs, un coq peut avoir jusqu'à vingt-quatre poules. Si l'on veut avoir des poulets robustes et bien conformés, le coq ne doit avoir au delà de six poules, huit tout au plus. Si l'on n'a pas besoin de poulets pour la vente — ce qui serait contraire à l'industrie que nous recommandons — on en a toujours besoin pour renouveler la basse-cour et la tenir au complet. S'il faut des volailles vigoureuses et bien conformées pour la vente, il en faut à plus forte raison pour rajeunir chaque année l'assortiment de poules pondeuses. Ces poules ne doivent jamais être conservées plus de quatre ans, à moins qu'il ne s'agisse d'une race de prix (1).

Enfin, je donnerai un dernier conseil au sujet de l'incubation, c'est de ne jamais essayer de délivrer un poulet de sa coquille, à moins que la cause qui le retient prisonnier ne soit évidemment accidentelle,

(1) On a constaté que la grappe ovarienne de ces gallinacés ne se compose que de 600 ovules. Les poules ne peuvent donc faire, dans tout le cours de leur vie, que 600 œufs environ, et voici comment ce nombre d'œufs est réparti en neuf années :

1re année de la naissance, de...			15	à	20
2e	—	—	de .. 100	à	120
3e	—	—	de... 120	à	135
4e	—	—	de... 100	à	115
5e	—	—	de... 60	à	80
6e	—	—	de... 50	à	60
7e	—	—	de... 35	à	40
8e	—	—	de... 15	à	20
9e	—	—	de... 1	à	10
TOTAL de........			496	à	600

Ce tableau démontre d'une façon évidente qu'on fait une mauvaise opération en gardant des poules au delà de l'âge de 4 ans. A partir de leur 5e année, elles ne fournissent plus assez d'œufs pour payer leur nourriture.

ce dont on est averti par ses cris répétés, quelquefois causés par l'adhérence douloureuse de ses plumes
à la coquille; mais quand il est à demi dégagé ou
qu'il fait de violents efforts pour se tirer seul d'embarras, laisse-le faire; — il est toujours dangereux et le
plus souvent fatal au poulet de briser trop tôt sa coquille, car déchirant ainsi l'enveloppe où circulent
de grosses veines pleines de sang, celui-ci s'écoule
et le poulet ne tarde pas à périr des suites de cette
opération. Toutefois, dans le cas où le poulet cherche à sortir par le petit bout de l'œuf, ce qui a lieu
quelquefois, dès qu'il commence à entamer la coquille, on peut en enlever un morceau pour agrandir
un peu l'ouverture et faciliter sa sortie. Je ne crois
pas qu'il soit nécessaire de rien dire de plus à ce
sujet; il est certain qu'il n'arrive pas une fois sur
cent que la sortie du poulet puisse être efficacement
aidée. Si je donnais sur ce point des instructions plus
détaillées, je craindrais de commettre une imprudence en mettant une arme dangereuse entre les
mains de ceux qui ne sauraient pas s'en servir.

Bien des moyens ont été proposés pour remplacer,
auprès des poulets nés par l'incubation artificielle,
la mère qui leur manque. M. Carbonnier nous semble
encore avoir très-heureusement résolu le problème
par la *mère artificielle* ou *poussinière* chauffée au
moyen d'une lampe à l'aide d'une circulation d'eau.
Les poussinières sont construites en bois et métal
et garnies d'une fourrure d'agneau dans l'intérieur
de laquelle de l'eau chaude maintient une chaleur
concentrée; les jeunes poussins viennent s'y ré-

chauffer comme sous les ailes de la poule. Les prix de ces appareils varient suivant la dimension. Les modèles ordinaires sont de 30 francs.

Fig. 11. — Poussinière Carbonnier.

Les poulets n'ont pas besoin de nourriture pendant les premières vingt-quatre heures qui suivent leur naissance. Ils vivent durant cet intervalle aux dépens d'une portion assez considérable du contenu de l'œuf, qui ne s'était pas encore assimilée à leur propre substance. Il n'est, par conséquent, pas nécessaire de s'embarrasser de leur fournir un aliment quelconque pendant ce temps. La chaleur est ce dont ils ont le plus besoin. Il faut donc alors les tenir bien chaudement, « afin, dit M. Carbonnier, que les barbes ou tuyaux dont ils sont couverts s'épanouissent bien. Aussi quand le duvet est bien écarté et redressé ils sont très-chaudement vêtus, et sont à même de pouvoir supporter une température plus froide, ce qui a toujours lieu le lendemain de leur naissance. »

Voici donc ce que conseille cet habile praticien :

« Le meilleur moyen, dit-il, de les tenir chaudement de suite après leur naissance consiste à remplir une boîte ou un panier quelconque de foin ou de ouate, dans laquelle on a enfoui une bouteille d'eau chaude quelques heures avant de les y placer. Il convient également de renouveler l'eau chaude matin et soir, afin qu'ils jouissent d'une douce température pendant les cinq ou six premiers jours. Au bout de ce temps, l'on peut commencer à les habituer à l'air libre, en les plaçant au soleil sous une cage à petite clavière, pour qu'ils ne puissent en sortir, et d'une assez faible capacité pour qu'ils se réchauffent le plus possible les uns sur les autres, le duvet de ces petits animaux n'étant point capable de les garantir de la moindre froideur. »

Il recommande aussi d'être très-exact dans les commencements à renouveler leur nourriture et à leur en donner une petite quantité chaque fois. La meilleure nourriture pour les jeunes poulets est, à mon avis, une pâte faite avec moitié farine d'avoine, moitié farine d'orge ou croûtes de pain trempées. On peut ajouter à la pâte un œuf frais cuit mollet ou un peu de viande fraîche bien hachée. « Rien ne leur donne plus de courage et de force, dit M. Carbonnier, que des mies de pain trempées dans du vin, et quand ils ne mangent pas de bon appétit, on pourra leur donner des miettes de pain trempées dans du lait ou du caillé ; certaines ménagères leur donnent quelque fois des jaunes d'œufs durcis. Cette méthode est excellente quand on s'aperçoit que la fiente de ces animaux est trop liquide ; mais dans tout autre cas elle est·nuisible , parce qu'elle les constipe au point qu'ils en meurent subitement. Les poireaux hachés bien menus leur servent de médecine et leur font beaucoup de bien ; quinze jours après leur naissance, ils s'accommodent très-bien de débris de cuisine, de petits vers et de la plupart des graines. »

Lorsque l'on commence à laisser sortir les petits poulets, l'humidité leur étant très-pernicieuse, il faut avoir grand soin de ne pas les laisser aller dans un gazon encore imprégné de rosée. J'allais oublier de dire que l'eau ne doit être donnée aux jeunes poulets que dans des vases très-peu profonds. Du lait caillé, frais de chaque jour, leur est très-salutaire. Les poulets tenus au régime que nous venons d'exposer, convenablement surveillés , recevant en outre un peu de pommes de terre cuites à l'eau , et pouvant becqueter en liberté l'herbe d'une pièce de gazon, profiteront avec une rapidité étonnante. Pour réussir dans l'art d'élever les poulets, la surveillance assidue est le grand secret ; on évitera soigneusement, comme nous l'avons vu, de leur donner trop de nourriture à la fois ; il faut se rappeler à ce sujet la remarque d'un célèbre agronome qui dit que les jeunes enfants et les jeunes poulets veulent toujours manger.

Il est difficile de rien préciser d'absolu à l'égard de l'âge où les jeunes poulets doivent être livrés à eux-mêmes ; la chose dépend en grande partie du jugement de celui qui dirige l'élevage. Il y a des poulets qui peuvent se passer de soins dès l'âge de cinq semaines. Lorsqu'on dispose d'un bon poulailler et d'un terrain convenable, les poulets peudant aller seuls au bout de six semaines. Mais le mieux est de les tenir encore pendant trois ou quatre semaines dans un enclos réservé ; ils y sont exposés à moins d'accidents que s'ils étaient immédiatement mêlés au reste des volailles adultes.

Terminons. Le problème si intéressant de l'*incubation artificielle* nous paraît donc résolu d'une manière aussi parfaite que possible quant à présent, grâce aux ingénieux appareils de M. Carbonnier. Nous sommes évidemment sur la voie, nous sommes tout près du but. L'avenir nous ouvrira les trésors de l'expérience, et nous y puiserons si nous savons y marcher par la pratique.

FIN.

TABLE

SYNTHÉTIQUE ET GÉNÉRALE

Par laquelle d'un coup d'œil on embrasse toute la matière

————

TABLE

ANALYTIQUE OU DÉTAILLÉE

Dans laquelle tout est rapporté en abrégé

AVEC DES RENVOIS AUX DIVERSES PAGES OU SONT LES DÉTAILS

Au moyen de cette table
on peut en quelques minutes faire toutes les recherches
qu'on désire

PREMIÈRE PARTIE

FAIRE PONDRE

TROISIÈME PARTIE

FAIRE COUVER

Il faut des poules douces, pas d'emprunt, habituées au local,
à la personne. Un local tranquille, une demi-obscurité. Des

TABLE DES FIGURES

FIN DES TABLES.

Evreux, A. Hérissey, imp. — 1260.

www.ingramcontent.com/pod-product-compliance
Lightning Source LLC
LaVergne TN
LVHW021736170726
843503LV00004B/1593